食譜校閱者之會　編著

資深編輯不藏私！
剖析暢銷食譜的元素
Handbook

瑞昇文化

獻給熱愛烹飪的各位

你經常烹製的美味料理、媽媽或奶奶傳授的獨門料理、蘊含秘訣或創意滿點的料理、傳授給學生的教科書料理，試著把這些料理寫成食譜吧！

透過傳達美味的食譜，讓品嚐料理的人吃得開心，連自己也能感受到極大的幸福。對居住在遠處的家人或朋友來說，美味的食譜是最美好的禮物。

因此，編寫食譜的時候，只要注意遣詞用語和圖文方面的表現，稍微花點心思，就可以正確傳達你的心，讓對方烹製出相同的味道。

本書是由校閱過數十萬本料理書、料理雜誌食譜的資深校閱者，經過無數的腦力激盪和意見交換所編寫出的書籍。

除了思考、編寫食譜時可作為參考之外，本書還針對材料和用語的基礎進行了說明。

甚至對於每天烹調料理的人、料理部落客、料理講師或食品料理搭配師等專業人士，肯定也會有相當大的幫助。

目錄

第**1**章
所謂的食譜

第 **2** 章
料理用語

第3章
材料用語

校閱者的題外話

本書的使用方法

　　「第 1 章　所謂的食譜」針對撰寫食譜的整體流程進行說明。P.46 ～ P.69 依照烹煮、快炒、油炸等烹調方式，準備了檢查表。請在撰寫食譜時加以對照，確認是否有過多或不足的必要元素。

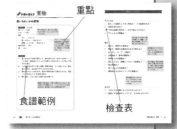

重點

食譜範例　　　　　檢查表

　　「第 2 章　料理用語」從基礎開始，說明撰寫食譜時的用語。實際在食譜中使用的用語或文章，以引號「」標示，並採用粗體字。因為是列舉的典型寫法，因此，請依照符合的狀況選用。食譜中有許多特有的片語，只要適當採用那些片語，就可以讓內容更容易理解。

　　「第 3 章　材料用語」針對經常使用的材料，說明特徵及預先處理的方法。本書列舉的是日本國內常見的一般材料，某些購買容易度依地區而有不同的材料，或是材料名稱，可能會有不同的說明方式。很少使用的材料，只要進一步加以說明，或補充可替代的材料，就能讓人感覺更貼心。

　　本書採用的結構可以直接應用於實際的食譜撰寫。只要決定好食譜整體的模式，再依照各種材料或烹調法，找出相對應的必要內容，就可以直接套用。撰寫食譜的時候，請隨時將本書放在身邊。

食譜的模式

　　食譜的編寫方法並非只有一個標準答案。

　　食譜有各種不同的模式，通常都是以「材料」和「作法」的構成居多。除外，還有不另外列出「材料表」，而是連同份量一起全部寫在「作法」裡面的編寫方式。不過，如果篇幅足夠的話，分開編寫的方式，可以讓備料更加方便。

　　P.12～17頁以3種模式介紹了同一份食譜。如此，應該就可以了解，調味料的份量或預先處理怎麼寫、寫在哪裡，在閱讀的時候，會有什麼樣的差異了吧！當然，書中列出的內容終究只是範例，因此，請從中挑選適合自己的模式，找出專屬於自己的寫法吧！

　　在「材料表」或「作法」中未能充分說明的內容，或是可以為料理加分的內容，則可以利用「重點」、「訣竅」、「筆記」等專欄形式，讓讀者更容易明瞭。

　　決定好自己認為容易閱讀的編寫法之後，建議持續依照決定的方式進行編寫。只要預先決定好模式，之後校閱的時候也能夠更容易理解，同時也可以預防步驟或內容的遺漏。

難以閱讀的食譜範例

　　編寫食譜的時候，最容易發生的失誤是，材料忘了寫，或是「作法」沒有依照步驟撰寫。就算自己再怎麼清楚，讀者還是難免誤會，盡量避免這樣的情況吧！

　　透過 P.18～23頁的內容，可以了解校閱者在校閱食譜原稿時，都做了哪些檢查。請參考本書，寫出更容易閱讀的食譜吧！

第 **1** 章

所謂的食譜

針對「材料表」乃至「作法」的流程、
整體需注意的事項進行說明。
透過料理類別的「步驟寫法檢查表」,
就可確認有沒有必要項目遺漏。

豐盛海鮮番茄煮

時間 **20** 分鐘

材料　（4 人份）

蝦子⋯⋯8 隻
鱈魚⋯⋯4 塊
墨魚⋯⋯1 隻
花蛤（吐沙）⋯⋯200g
洋蔥⋯⋯1 大顆
彩椒（紅、黃）⋯⋯各 1 個
蘑菇⋯⋯1 包
蒜頭⋯⋯3 瓣
紅辣椒⋯⋯1 根
捲葉洋香菜（如有）⋯⋯少許
月桂葉⋯⋯1 片
水煮番茄罐（整顆）⋯⋯2 罐（800g）
白酒⋯⋯1 杯
橄欖油⋯⋯3 大匙
鹽⋯⋯ 2 小匙

作法

1　蝦子在帶殼的狀態下去掉沙腸。鱈魚削切成一口大小。墨魚把身體切成 1 cm寬的環狀，腳部切成容易食用的長度。

2　洋蔥切成對半，切成 5 mm厚的薄片。彩椒去掉蒂頭和種籽，縱切成 7 mm寬的細條。蘑菇切除蒂頭，切成對半。蒜頭切碎，紅辣椒去除種籽，切成小口切，洋香菜切碎。

3　橄欖油放進鍋裡加熱，放進洋蔥、蒜頭、紅辣椒，翻炒 2 分鐘左右。加入蝦子和鹽巴，快速混合拌炒，再加入彩椒、蘑菇混合拌炒。

4　加入月桂葉、白酒，改用大火烹煮，煮沸後，用手把番茄搯碎，連同罐頭湯汁一起放進鍋裡，加進 1 杯水、鱈魚、墨魚、花蛤，烹煮 7～8 分鐘。裝盤，撒上洋香菜。

這是食譜中最常見、最正統的編寫模式。
連概略的烹調時間也都寫上了，相當貼心。

材料表

- 篇幅足夠的話，每一種材料寫一行，會比較一目了然。
- 如果不會混淆的話，就算採用「○○、△△……各 1 個」這樣的方式也 OK。
- 順序通常都是主材料→副材料→飾頂配料→調味料。
- 盡量配合「作法」的順序。
- 如果「作法」是從主材料以外的材料開始進行預先處理，可能會有無法讓「材料表」和「作法」的順序一致的情況。

材料表的調味料

- 在「材料表」指定調味料的份量，在「作法」裡面只寫調味料名稱的模式。

作法

- 從非做不可的預先處理開始。
- 依照海鮮類、蔬菜等類別來加以區分步驟，比較容易理解。
- 「材料表」和「作法」的順序如果可以相互對應，會比較容易閱讀，但是，如果蔬菜預先處理會比較好的時候，以該步驟為優先也沒問題。
- 為避免妨礙作業流程，文章應在長短適中的適當位置分段，跳至下個項目。
- 尤其是材料較多的料理，應盡可能簡潔。

豐盛海鮮番茄煮

時間 20 分鐘

材料 （4 人份）
蝦子（去除沙腸）……8 隻
鱈魚（切成一口大小）……4 塊
墨魚（身體切成 1 cm 寬的環狀、腳切成容易食用的長度）……1 隻
花蛤（吐沙）……200g
洋蔥（縱切成對半，切成 5 mm 厚的薄片）……1 大顆
彩椒（紅、黃）（切成 7 mm 寬的細條）……各 1 顆
蘑菇（切除蒂頭，切成對半）……1 包
蒜頭（切碎）……3 片
紅辣椒（去除種籽，切成小口切）……1 根
捲葉洋香菜（如有）（切碎）……少許
月桂葉……1 片
水煮番茄罐（整顆）……2 罐（800g）
白酒……1 杯
橄欖油……3 大匙
鹽……2 小匙

作法

1　把 3 大匙橄欖油放進鍋裡加熱，放進洋蔥、蒜頭、紅辣椒，翻炒 2 分鐘左右。加入蝦子和 2 小匙鹽巴，快速混合拌炒，再加入彩椒、蘑菇混合拌炒。

2　加入月桂葉、白酒，改用大火烹煮，煮沸後，用手把番茄捏碎，連同罐頭湯汁一起放進鍋裡，加進 1 杯水、鱈魚、墨魚、花蛤，烹煮 7 ～ 8 分鐘。裝盤，撒上洋香菜。

重點

．就算購買的花蛤已有標示吐沙完畢，買回家之後，最好再用海水程度的鹽水浸泡一次，讓花蛤把殼裡面的沙徹底吐光。

把預先處理寫進「材料表」裡面的模式。

一眼就能清楚看出各種材料的預先處理方法，但在另一方面，「材料表」的內容也會變得很長，給人一種不管烹調的順序如何，一開始就必須先將所有材料處理好的累贅感。

材料表

- 針對各種材料簡潔附上預先處理方法。
- 除了括弧的方式之外，也可以採用換行或改變文字顏色的方式，提高閱讀性。
- 還有另一種做法。就是只把「（5 mm厚的薄片）」、「（7 mm寬的細條）」、「切碎」這類說明比較簡短的預先處理寫在材料表裡面，而需要仔細說明的預先處理則寫在「作法」裡面。

材料表的調味料

- 「材料表」和「作法」都有清楚地寫出調味料的份量。

作法

- 預先處理已經寫在「材料表」裡面，所以就從正式烹調開始寫。

重點

- 另外加上材料的挑選方法及烹調小技巧等內容。

豐盛海鮮番茄煮

時間 20 分鐘

材料 （4 人份）

蝦子……8 隻
鱈魚……4 塊
墨魚……1 隻
花蛤（吐沙）……200g
洋蔥……1 大顆
彩椒（紅、黃）……各 1 個
蘑菇……1 包
蒜頭……3 片
紅辣椒……1 根
捲葉洋香菜（如有）……少許
月桂葉……1 片
水煮番茄罐（整顆）……2 罐（800g）
白酒……1 杯
橄欖油　鹽

預先處理

- 蝦子在帶殼狀態下去除沙腸。
- 鱈魚削切成一口大小。
- 墨魚把身體切成 1 cm寬的環狀，腳部切成容易食用的長度。
- 洋蔥切成對半，切成 5 mm厚的薄片。
- 彩椒去掉蒂頭和種籽，縱切成 7 mm寬的細條。
- 蘑菇切除蒂頭，切成對半。
- 蒜頭切碎，紅辣椒去除種籽，切成小口切，洋香菜切碎。

作法

1　把 3 大匙橄欖油放進鍋裡加熱，放進洋蔥、蒜頭、紅辣椒，翻炒 2
　　分鐘左右。加入蝦子和 2 小匙鹽巴，快速混合拌炒，再加入彩椒、
　　蘑菇混合拌炒。
2　加入月桂葉、白酒，改用大火烹煮，煮沸後，用手把番茄捏碎，連同
　　罐頭湯汁一起放進鍋裡，加進 1 杯水、鱈魚、墨魚、花蛤，烹煮 7～
　　8 分鐘。裝盤，撒上洋香菜。

讓「預先處理」獨立出來的模式。

備妥材料，做好預先處理後，進入正式烹調。這樣的 3 步驟相當淺顯易懂。

材料表

- 基本上和模式①的寫法相同。

材料表的調味料

- 只在「材料表」寫種類，份量則寫在「作法」裡面的模式。

預先處理

- 從最必需預先處理的材料開始，逐一條列材料。
- 只要從優先處理的材料開始寫，就能更容易理解。

作法

- 因為是從正式烹調開始寫，所以可以精簡文章。
- 調味料的份量不是在「材料表」裡面指定，所以要在使用的時候，寫上具體的份量。

馬鈴薯燉肉

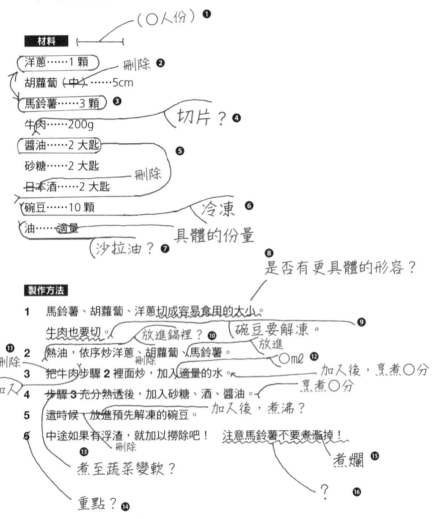

（○人份）❶

材料

洋蔥……1 顆　　刪除 ❷

胡蘿蔔（中）……5cm

馬鈴薯……3 顆 ❸　　切片？❹

牛肉……200g

醬油……2 大匙 ❺

砂糖……2 大匙

日本酒……2 大匙　　刪除

碗豆……10 顆　　冷凍 ❻

油……適量　　具體的份量

沙拉油？❼

是否有更具體的形容？❽

製作方法

1　馬鈴薯、胡蘿蔔、洋蔥切成容易食用的大小。

牛肉也要切。　放進鍋裡？❿　碗豆要解凍。❾

刪除⓫　2　熱油，依序炒洋蔥、胡蘿蔔、馬鈴薯。　放進○ml ⓬

刪除

加入　3　把牛肉步驟 2 裡面炒，加入適量的水。　加入後，烹煮○分

4　步驟 3 充分熱透後，加入砂糖、酒、醬油。　烹煮○分

5　這時候，放進預先解凍的碗豆。　加入後，煮沸？

6　中途如果有浮渣，就加以撈除吧！　注意馬鈴薯不要煮濫掉！

刪除⓭

煮至蔬菜變軟？　煮爛 ⓯

重點？⓮　？ ⓰

來看看左頁食譜的修改部位和問題點吧！

❶ 漏掉幾人份的份量。

❷ 若是中尺寸的話，不需要特別寫出來。

❸ 主材料應該優先。

❹ 牛肉的部位和形狀交代不清楚。

❺ 調味料應依照放入的順序。

❻ 「作法」裡面有「預先解凍」，所以要加上「冷凍」。

❼ 油的種類和份量交代不清楚。

❽ 不知道該切成什麼形狀？該切多大？

❾ 碗豆應該預先解凍，所以要寫在這裡。

❿ 寫上烹調所使用的道具。

⓫ 因為用同一個鍋子烹調，所以不需要刻意寫「步驟2」、「步驟3」。

⓬ 加入的水量不清楚，也不知道該煮多少分鐘。

⓭ 不知道材料該烹煮至何種程度才好。

⓮ 烹調作業在步驟5就已經結束了，所以這個部分的內容應該當成「重點」處理。

⓯ 注意錯別字。

⓰ 該怎麼做才能「避免煮爛」？ 馬鈴薯燉肉就算稍微煮爛也沒有關係嗎？

蒸飯

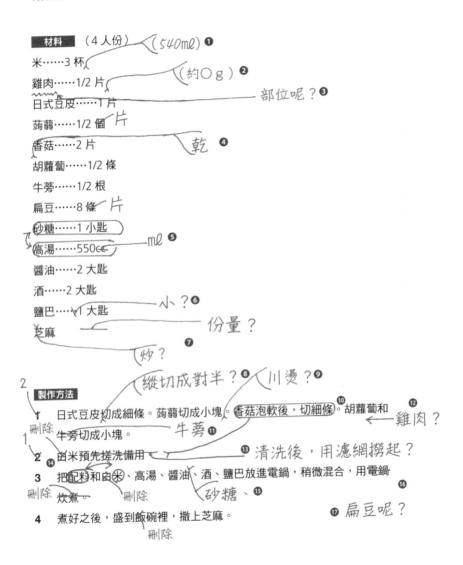

材料 （4 人份） (540ml) **❶**

米……3 杯

雞肉……1/2 片 （約○g） **❷**　部位呢？**❸**

日式豆皮……1 片

蒟蒻……1/2 個　片

香菇……2 片　乾 **❹**

胡蘿蔔……1/2 條

牛蒡……1/2 根

扁豆……8 條　片

砂糖……1 小匙

高湯……550cc　ml **❺**

醬油……2 大匙

酒……2 大匙

鹽巴……1 大匙　小？**❻**

芝麻　份量？

炒？**❼**

縱切成對半？**❽**　川燙？**❾**

製作方法

2

1　日式豆皮切成細條。蒟蒻切成小塊。香菇泡軟後，切細條。**❿** 胡蘿蔔和牛蒡切成小塊。

刪除　牛蒡 **⓫**　雞肉？**⓬**

1

2　由米預先搓洗備用　清洗後，用濾網撈起？**⓭**

❶④

3　把配料和白米、高湯、醬油、酒、鹽巴放進電鍋，稍微混合，用電鍋炊煮。

刪除　砂糖、**⓯**　刪除　**⓰**

扁豆呢？**⓱**

4　煮好之後，盛到飯碗裡，撒上芝麻。

刪除

來看看左頁食譜的修改部位和問題點吧！

❶　量米的米杯是 180ml，為預防萬一，應該一併記載。

❷　如果也順便寫下概略重量，感覺會更貼心。

❸　雞肉的部位交代不清楚。

❹　「作法」有「香菇泡軟」的步驟，所以應寫成「乾香菇」。

❺　通常都是使用 ml，而不是 cc。

❻　「鹽巴 1 大匙」不會太多嗎？

❼　芝麻的種類和份量交代不清楚。

❽　切法應該寫得更清楚一點。

❾　蒟蒻必須汆燙，去除石灰腥味。

❿　乾香菇泡軟需要一些時間，所以應寫在作法的步驟 1。

⓫　有錯字。牛「旁」應改成牛「蒡」。

⓬　「材料表」中的雞肉沒有寫切法。

⓭　米多半都是用「清洗」。另外，因為必須預先清洗備用，所以應寫在
　　作法的步驟 1。

⓮　「白米」改成「米」感覺比較平易近人。同時，整體的體裁會比較一
　　致。

⓯　「材料表」中的砂糖漏寫。

⓰　電鍋在同段文章中出現兩次。

⓱　「材料表」中的扁豆漏寫。扁豆的預先處理、盛裝的方式等部分也必
　　須說明。

天津飯※

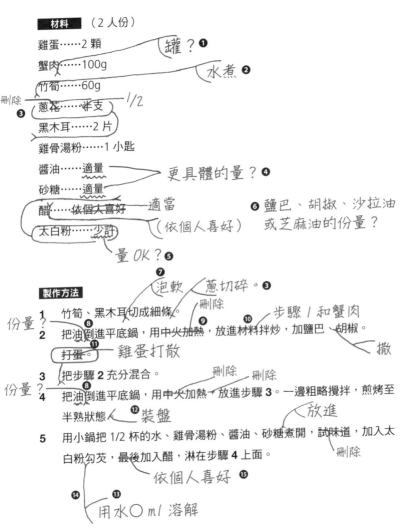

材料 （2 人份）

雞蛋……2 顆　　　罐？ ❶

蟹肉……100g　　　水煮 ❷

竹筍……60g

刪除 ❸ ~~蔥花……半支~~ 1/2

黑木耳……2 片

雞骨湯粉……1 小匙

醬油……適量　　　更具體的量？ ❹

砂糖……適量

醋……~~依個人喜好~~ 適當　　　❻ 鹽巴、胡椒、沙拉油

太白粉……~~少許~~　　（依個人喜好）　　或芝麻油的份量？

量 OK？ ❺

製作方法

❼ 泡軟　蔥切碎。❸

份量？ 1　竹筍、黑木耳切成細條。刪除

❽ 2　把油倒進平底鍋，用中火加熱，放進材料拌炒，加鹽巴、胡椒。❿ 步驟 1 和蟹肉　撒

⓫ 打蛋。　雞蛋打散

3　把步驟 2 充分混合。

刪除　刪除

份量？ ❽ 4　把油倒進平底鍋，用中火加熱，放進步驟 3。一邊粗略攪拌，煎烤至

半熟狀態。⓬ 裝盤　　　放進

5　用小鍋把 1/2 杯的水、雞骨湯粉、醬油、砂糖煮開，試味道，加入太

白粉勾芡，最後加入醋，淋在步驟 4 上面。　刪除

依個人喜好 ⓯

⓮ ⓭ 用水〇 ml 溶解

※ 即蟹肉炒蛋燴飯，日式中華料理。

來看看左頁食譜的修改部位和問題點吧！

❶ 不清楚使用什麼樣的蟹肉。

❷ 「作法」中沒有水煮過程，所以應該是「水煮竹筍」？

❸ 切碎蔥的作業要加入「作法」裡面。

❹ 不知道該加多少。

❺ 太白粉是用來勾芡的，「少許」的份量會不會不夠？

❻ 材料表裡面沒有「作法」出現的鹽巴、胡椒、油，份量也不清楚。另外，油的種類也不清楚。

❼ 黑木耳需要泡軟吧？

❽ 有兩個步驟都有使用油，份量應該分開來寫。

❾ 若是「中火」的情況，就算不特別寫出來也 OK。

❿ 光是「材料」兩字，無法判斷指的是哪些材料。

⓫ 雞蛋和蛋，兩種用法混合在一起。另外，把這個步驟移到步驟 3 會比較流暢。

⓬ 在步驟 5 淋上勾芡之前，應該先把裝盤的動作寫出來。

⓭ 用太白粉勾芡時，因為需要用到水，所以必須載明水的份量。

⓮ 文章太長，不容易閱讀，最好進一步分開。

⓯ 在「材料表」中醋的份量是「依個人喜好」，所以這裡也要寫「依個人喜好」。

試著編寫食譜吧！

好的食譜光是閱讀，就可以湧現出料理的形象，
同時產生「想試著製作看看！」的動機。
試著寫出能夠確實傳達美味的食譜，
把你製作的料理傳達給大家吧！

編寫食譜的『美味漩渦』

最近，不光是料理食譜，報紙、雜誌、廣告、電視、網路等各個地方，都可以看到料理食譜。尤其，網路上的食譜網站和部落格的興盛，更是帶動起任何人都可以輕易分享原創食譜的風潮。

說到食譜的寫法，只要直接照著製作料理的步驟去寫就沒問題了，一點都不難……或許大家都這麼認為，不過，那是錯誤的。其實食譜裡面包含了各種不同的要素，只要寫法有一點點不同，就可能引起誤會，或許就無法正確傳達你的想法。

為了傳達美味料理的美味之處，要不要試著重新檢視食譜的編寫方法？ 其實食譜的修正一點都不難。**食譜有各種不同的寫法，只要從中找出符合你個人需求的模式就可以了。**

另外，能夠寫得一手好食譜，對料理的理解也會更加深厚。自然，製作出來的料理也就會更加美味，甚至，可以把那份美味傳達給讀者。這正是所謂的『美味漩渦』。連同對料理的情感一起傳達給每位讀者吧！

寫好之後，先回頭閱讀

不管是什麼樣的人，都很難一次就寫出完美的文章。寫完食譜之後，先回頭閱讀一次，確認文章內容是否符合意圖吧？

即便是檢查文章的專家，校閱者在進行食譜的校正、校閱時，截至整本書完成之前，至少也要回頭閱讀 5 ～ 6 次。校正、校閱的工作是以，有沒有錯字或漏字、文章是否通順、標記是否不一致等文字方面的正確性為大前提。甚至，校閱食譜的時候，多半都會一邊在腦海裡浮現出製作料理

的畫面，一邊進行下列各方面的檢查。

● 「材料表」的順序是否恰當？是否淺顯易懂？
● 「材料表」和「作法」中的材料是否有過多或不足？
● 非一般性的材料是否需要特別標記？
● 份量是否適當？
● 「作法」是否淺顯易懂？
● 步驟或調味上是否有明顯失誤？
● 料理名稱和內容是否吻合？
● 隨附照片時，是否和食譜一致？

　　除外，還有更細部的檢查。檢查項目很多，或許感覺很吃力，但一旦習慣之後，就可以逐漸得心應手，輕易察覺出許多問題。

［ 校閱者都做些什麼？ ］

　　本書或雜誌的文章，並沒有未經修正的原稿。事實上，在印刷出版之前，已經由編寫者、編輯、校閱者反覆檢查了多次。

　　校閱者是，檢查文章的文法正確性、調整標記符號，甚至揪出錯誤內容的專家。

　　先來看看，把料理老師的食譜刊載於本書之前的流程吧！首先，老師會親自撰寫食譜原稿。這個時候，每個人的食譜寫法、標記幾乎都不相同。之後，校閱者會閱讀那些內容，檢查內容是否有錯誤、有無難以閱讀的部分、標記是否統一，同時找出問題點。

　　排除問題點並調整過字數的原稿，會在列印之後進行校樣（樣本校對）。之後，校閱者、料理老師、作者、編輯會再次進行檢查，然後進行校樣，使稿件趨於完美。

材料的寫法

**食譜的編寫從材料表開始。
如果這個部分不夠淺顯，就會在作法上受挫，
是整份食譜中相當重要的部分。**

寫出所有材料

所有的材料是否毫無遺漏？飾頂配料的材料、調味料往往容易被遺忘，要特別注意。

最重要的是，材料要使用正確的名稱。省略的寫法可能導致讀者誤會。例如，如果只寫「青豆」兩個字，就會讓讀者迷惘，不知道是「青碗豆」、「四季豆」，還是「甜豆」。

另外，使用市售調味料的時候，除了必須特別使用的種類之外，就採用一般名稱吧！最近就連肉類或蔬菜等也都有各種不同的品牌名稱，不過，在食譜裡面，還是使用一般常見的名稱吧！

載明幾人份的份量

通常都是以「2人份」、「4人份」等份量居多。有時，則要依照料理的種類，採用「〇個的份量」、「容易製作的份量」等寫法。

通常，直接使用「2人份」的2倍，份量就會變成「4人份」，但是，有時調味料或湯汁的量等材料會因料理種類而改變。所以就用實際的製作份量來寫吧！

撰寫順序

材料表的順序就用自己的方式維持格式的一致吧！基本的順序是，先寫主要材料，以及份量較多的材料，然後，依照材料在「作法」中的出現順序進行排序，最後則是調味料。另外，主材料預先調味時所使用的調味

料，有時會用括弧寫在主材料的下方。

一般的順序
主材料（肉、魚、蛋、豆腐、蔬菜、米飯、麵等）
▼
副材料
▼
配料、飾頂配料
▼
「混合調味料」、「沾醬」、「沙拉醬」等材料的彙整項目
▼
基本以外的調味料
▼
基本調味料、常備品（粉、油等）

基本以外的調味料的範例：清湯、高湯、沾醬、醬料、沙拉醬、中華調味料、香辛料、西洋黃芥末、奶油、植物奶油、美乃滋、番茄醬
基本調味料的範例：砂糖、鹽巴、醋、醬油、味噌、酒、味醂、胡椒
常備品的範例：太白粉、麵粉、沙拉油、芝麻油、橄欖油

各材料的份量

　　基本上是採用個數、條數。通常，中尺寸都是省略不予標記，大、小尺寸則寫成「大」、「小」（蔬菜的重量標準→ P.119）。這個時候，只要像「馬鈴薯　2顆（約300g）」、「蝦　15小尾（約100g）」這樣，隨附上重量，就可以更加準確。括弧內的重量不是材料淨重，而是包含廢棄部分在內的重量。

　　使用罐頭或真空包的時候，因為重量會依商品而有不同，所以要像「番茄水煮罐　1罐（400g）」、「水煮黃豆豉1包（200g）」這樣，加上重量。

所謂的淨重說的是，實際用於烹調的重量，不包含蔬菜的外皮或種籽、肉的多餘油脂或筋、魚的內臟或骨頭等廢棄的部分，同時應以 g 來進行標示。精準計算熱量的料理、餅乾等，特別要求精準份量的材料，應該採用淨重。

依個人喜好添加的材料

不一定需要的材料，應隨附上「（如有）」、「（沒有也可以）」、「（依個人喜好）」等字樣。另外，如果有可以替代的材料，就加上「（○○也可以）」的字樣。材料表裡面沒有寫，只在「作法」裡面寫「**依個人喜好加上○○**」也可以。

肉的寫法

基本上，肉應該載明種類（牛、豬、雞等）＋部位（腹肋肉、里肌肉、腿肉等）＋形狀（肉塊、肉片、絞肉等）。另外，也可以採用牛排用、烤肉用、涮涮鍋用等，依用途分類的寫法（牛肉→ P.96、豬肉→ P.99、雞肉→ P.102）。

例	牛腿肉片、牛絞肉、牛肉（牛排用）
	豬五花肉塊、豬絞肉、豬肉（涮涮肉用）
	雞腿肉、帶骨雞肉塊、雞翅腿、雞絞肉（雞柳）

魚的寫法

魚要清楚寫出魚的狀態，例如整尾、魚塊，或是魚片等（魚→ P.105）。

例	沙丁魚　○尾　←整尾的情況
	鮭魚　○塊　←切塊的情況
	鰆魚　半身○片　←三片切的情況
	青甘鰺的骨頭　○ g

材料的計算方法

　　各種材料的計算方式都有不同。最近，也有很多採用真空包或袋裝的材料。份量沒有嚴格要求的情況，也可以用「〇包」、「〇袋」的方式標示。肉塊或魚塊等材料，如果加上重量，就可以作為參考標準。以下是常用的材料計算方式。

●蔬菜

根、條⋯⋯⋯黃瓜、蘿蔔、牛蒡、胡蘿蔔、番薯、秋葵、四季豆、芹菜、蘆筍、蔥、竹筍、綠辣椒、松茸、紅辣椒

個、顆⋯⋯⋯馬鈴薯、洋蔥、高麗菜、茄子、青椒、番茄、蕪菁、南瓜、青花菜、花椰菜、香菇

把⋯⋯⋯⋯日本油菜、菠菜、韭菜、鴨兒芹、水菜

株⋯⋯⋯⋯白菜、日本油菜、菠菜、青江菜、水菜

片⋯⋯⋯⋯萵苣（的葉子）、高麗菜（的葉子）、白菜（的葉子）、扁豆、香菇

節⋯⋯⋯⋯蓮藕

顆⋯⋯⋯⋯蒜頭（整顆。也可以用「個」）

瓣⋯⋯⋯⋯蒜頭

塊⋯⋯⋯⋯薑、蒜頭

袋⋯⋯⋯⋯金針菇、豆芽

包⋯⋯⋯⋯鴻喜菇、舞茸、蘿蔔嬰（蘿蔔芽菜）

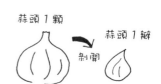

蒜頭 1 顆　蒜頭 1 瓣　剝開

薑 1 塊

薑 1 塊，大約是拇指前端的大小

●肉、魚貝類

尾⋯⋯⋯⋯一尾魚、蝦（也可以用「隻」）

塊⋯⋯⋯⋯魚塊

隻⋯⋯⋯⋯墨魚

片⋯⋯⋯⋯牛肉片、豬肉片、雞腿肉、雞胸肉、培根、火腿、半身魚、鰻魚、墨魚卷

支⋯⋯⋯⋯小雞翅、雞翅腿、雞柳、香腸、章魚腳、蟹腳

條⋯⋯⋯⋯鱈魚子、辣明太子

●其他

顆⋯⋯⋯⋯雞蛋

塊⋯⋯⋯⋯豆腐（也可以用「包」）

片⋯⋯⋯⋯日式豆皮、油豆腐、蒟蒻、吐司

袋⋯⋯⋯⋯蒟蒻絲、魔芋絲

包⋯⋯⋯⋯納豆

罐⋯⋯⋯⋯水煮番茄罐、水煮黃豆罐、鮪魚罐、鹽醃牛肉

球⋯⋯⋯⋯中華生麵、生蕎麥麵、生烏龍麵

把⋯⋯⋯⋯細麵

乾物

　　用「○g」、「○杯」等方式來標示乾燥狀態的重量。一定要寫清楚究竟是生的，還是乾的（乾物→ P.138）。

> **例**　裙帶菜⋯⋯⋯乾燥裙帶菜、生裙帶菜、鹽藏裙帶菜
> 　　香菇⋯⋯⋯⋯乾香菇、生香菇
> 　　黃豆⋯⋯⋯⋯黃豆、水煮黃豆豉
> 　　※ 豆類通常都不會加上「乾燥」二字。
> 　　烏龍⋯⋯⋯⋯烏龍麵（乾）、乾烏龍麵、生烏龍麵
> 　　羅勒⋯⋯⋯⋯羅勒（乾）（乾燥）、羅勒（生）、（新鮮）
> 　　※ 香草類沒有任何註記的時候，多半都是指生的，但因為容易搞錯，
> 　　　　所以要擇一標註。

冷凍食品

　　冷凍的材料務必加上「冷凍」二字。

> **例**　冷凍蔬菜、玉米（冷凍）、燒賣（冷凍）

正確量秤調味料

　　調味料的標示格外重要，因為只要稍有落差，料理的味道就會有極大的不同。使用正確的方法進行測量，一起正確紀錄吧！（調味料的測量方

法→ P.151）

　　量杯是 1 杯＝ 200ml；量匙是 1 大匙＝ 15ml；1 小匙＝ 5ml。通常不會採用「3 小匙」這樣的寫法，而會直接使用「1 大匙」。另外，1/4 小匙以下會用「1 小撮」、「少許」來標示（→ P.152）。電鍋使用的量米杯是 1 杯＝ 180ml，要注意避免混用。

　　1ml ＝ 1cc，可是，現在的計算公式都不使用「cc」，所以多半都是以「ml」來進行標記。

適量和適當的差別

- -

　　「適量」是指恰到好處的份量，「適當」則是符合情況的份量，甚至，有時亦可視情況需求，不做任何添加。可是，現在已經沒有這樣的使用區分，多半都是使用「適量」居多。畢竟這是相當曖昧的表現，所以還是避免隨意使用吧！

「混合調味料」、「沾醬」、「沙拉醬」等

- -

　　「混合調味料」、「沾醬」、「醬料」、「沙拉醬」、「湯汁」、「芡汁」、「麵衣」等，由多種材料混合而成的材料，就以彙整的方式進行標示。通常都是以「A」、「B」等方式來進行彙整。

在材料表寫預先處理的情況

- -

　　預先處理的方法也可以用括弧的方式，補充在材料的後面（→ P.14）。當「作法」的字數有限制時，經常會採用這種方式。

例　　蔥（切蔥花）……1 支
　　　　薑（磨成泥）……1 塊

　　這裡必須注意的部分是，「切成蔥花的蔥」要清楚標記出數量「1 支份」。同樣的，「薑泥」則要清楚標記出數量「1 塊份」或是「1 匙」。

材料的名稱

世界上的材料有各式各樣的名稱。
編寫食譜的時候，採用正確的名稱當然不在話下，
除此之外，也要注意食譜內的統一寫法。

以正確名稱編寫

　　用正確的名稱來編寫「材料表」吧！省略的寫法可能會讓讀者誤認成不同的材料。如果沒有其他容易混淆的材料，「作法」中就算採用省略的寫法也沒有關係。

例	材料表（正確的名稱）	作法（省略的名稱）
	牛五花肉塊	牛肉、肉
	豬絞肉	絞肉、肉
	雞腿肉	雞肉、肉
	雞柳（條）	雞柳
	小雞翅	雞翅
	維也納香腸	香腸
	扇貝柱	干貝
	辣明太子	明太子
	小魚乾	小魚
	魩仔魚乾	魩仔魚
	蟹味魚板	魚板
	綠蘆筍	蘆筍
	四季豆	四季豆
	綠辣椒	綠辣椒
	金針菇	金針菇
	長蔥、細香蔥	蔥
	生香菇、乾香菇	香菇
	水煮竹筍	竹筍
	奇異果	奇異果
	白（黑）芝麻	芝麻

番茄醬（罐裝）	番茄醬
伍斯特醬	醬料
芥末醬、日式芥末	芥末
七味粉	七味
沙拉油、芝麻油	油

特殊名詞的範例

- -

　　由於某些商品品牌極具知名度，已成某種商品的代名詞，因此變成常用名詞。

例　TABASCO　（辣椒醬）

　　萬家香　（醬油、烤肉醬）

有多種寫法的用語

- -

　　為避免使用各種標記而導致混淆，找出專屬於自己的寫法吧！另外，有些料理會因為語言不同而有不同的名稱差異，例如中華料理的「香菜」、泰式料理的「芫荽」，只要依照料理的差異，靈活運用名稱即可。

例　芫荽　　香菜

　　番薯　　地瓜

　　海帶芽　裙帶菜

　　羅勒　　九層塔

　　（九層塔是羅勒的一種，但義式料理中青醬所使用的羅勒應是「甜羅勒」，若以九層塔做青醬，口感會較澀氣味也較重）

[**裝盤、擺盤**]

　　以飾頂配料或裝盤方式為特色的料理，通常會連同「裝盤方式」都寫進食譜裡。早期的食譜連餐盤、缽碗、湯碗、飯碗、大碗等餐具的種類都會清楚載明，可是，由於近年來餐具的種類增加許多，所以多半都是以「裝盤」的字眼簡略帶過。

　　大部分的料理都可以用「裝盤」的方式來表現，但是，「把飯裝進飯碗」、「把湯倒進缽碗」的時候，這樣的寫法會比較自然。

容易混淆的用語

列舉容易混用的類似用語。

適量⋯⋯⋯⋯⋯恰到好處的份量。

適當⋯⋯⋯⋯⋯視當下情況，自認為適當的份量。有時亦可視情況省略。

預熱⋯⋯⋯⋯⋯預先溫熱。

餘熱⋯⋯⋯⋯⋯殘餘的熱度。

沾醬⋯⋯⋯⋯⋯在醬油或味噌裡面混入味醂、砂糖、香辛料等調味料，加以
　　　　　　熬煮成稠狀的醬料。除了照燒醬、烤肉醬汁之外，芝麻沾醬、
　　　　　　核桃沾醬等都是。

醬汁⋯⋯⋯⋯⋯在高湯裡面混入醬油、味醂等調味料所調製而成。天婦羅醬
　　　　　　汁、烏龍麵醬汁、淋醬、清湯等。

配料⋯⋯⋯⋯⋯混進主材料裡面，或鋪放在主材料上方的副材料。五目壽
　　　　　　司、什錦菜飯、清湯。餃子、燒賣等也是。

餡料⋯⋯⋯⋯⋯除了饅頭或糕餅等的餡料之外，調味過的肉、蔬菜、味噌等
　　　　　　內餡都屬於餡料。餃子、燒賣等也是。

鰹節⋯⋯⋯⋯⋯原本是指，先將切成塊狀的鰹魚（柴魚）加以烹煮，然後再
　　　　　　烘乾，進而讓表面佈滿黴菌的鰹魚塊。最近多半都是指削成
　　　　　　片狀的鰹魚片（柴魚片）。

柴魚片⋯⋯⋯⋯指削成的片狀的鰹魚（柴魚）。

高湯‧‧‧‧‧‧‧‧‧‧‧‧‧日式的清湯。用昆布、柴魚片、小魚乾等材料熬煮而成的湯。

清湯‧‧‧‧‧‧‧‧‧‧‧‧‧原本是指西式湯品。法式清湯也是其中一種。最近也會用來
　　　　　　　指西式或中式的湯。

肉汁清湯‧‧‧‧‧‧‧西式的湯。由肉、魚、魚或肉的骨頭、筋肉，加上香味蔬菜
　　　　　　　熬煮而成。家庭多半都是使用市售的湯塊或是高湯粉。

法式清湯‧‧‧‧‧‧‧原本是指西式湯品之一。在肉汁清湯裡面加上肉、蔬菜、蛋
　　　　　　　白等烹煮，在料理最後添加的清澈湯汁。最近多半都是指西
　　　　　　　式的湯。

合醋‧‧‧‧‧‧‧‧‧‧‧‧‧醋和調味料等混合製成。二杯醋、三杯醋、甜醋等。

壽司醋‧‧‧‧‧‧‧‧‧‧醋飯用，合醋的一種。

切痕‧‧‧‧‧‧‧‧‧‧‧‧‧用菜刀等刀具切開的部分。以「加上切痕」的方式使用。

切口‧‧‧‧‧‧‧‧‧‧‧‧‧切出切痕的部位、已經切開的部位。

厚度‧‧‧‧‧‧‧‧‧‧‧‧‧蔬菜切片、削切、梳形切等時候使用。

寬度‧‧‧‧‧‧‧‧‧‧‧‧‧切肉、培根等沒有厚度的材料時使用。

調味‧‧‧‧‧‧‧‧‧‧‧‧‧料理的調味。

調整味道‧‧‧‧‧‧‧在烹調最後，稍微調整味道的時候使用。

麵團‧‧‧‧‧‧‧‧‧‧‧‧‧製作披薩或麵包、餅乾等時候使用。

原料‧‧‧‧‧‧‧‧‧‧‧‧‧製作漢堡排等時候使用。

使寫法統一

為了編寫出容易閱讀且正確傳達的食譜，
文章的流暢性非常重要。
表現相同事物或動作時，
如果每次的寫法都不相同，就會讓閱讀者滿頭霧水。

文章的風格

食譜是一種工具書，目的是要讓人照著步驟操作，學會美味料理，因此，文章的風格必須要語意清楚，容易理解。

材料部分採用「條列式」，一項一項列出就能一目了然，步驟部分則使用簡潔的敘述句，適當斷句，避免贅語。

X 將剛剛準備好的紅蘿蔔，倒入已加入適量油加熱的鍋裡炒軟。（語意不明／贅語）

O 用適量橄欖油來熱鍋，再將步驟1切好的紅蘿蔔倒入鍋裡。（正確）

如果另有特殊的說明，可以另闢一個小專欄或小祕訣，加以叮嚀。

數字的寫法

數字建議統一採用半形的阿拉伯數字。食譜多半都是採用橫式，所以很少使用「一、十、百、千」之類的國字。另外，如果採用全形數字「１、１０、１００、１０００」，會使文章變長，不僅破壞美觀，閱讀起來也比較不容易。所以，數字應以「半型字」呈現為佳！半型字示範：「1、10、100、1000」。

單位的寫法

重量（g、kg）、容量（l、ml）、溫度（℃）等單位，也可以用「公克」、「公斤」、「公升」、「毫升」、「度」等方式來表現，但是，在同一份文章內的標記最好統一。一般來說，出版品都是使用「g」、「kg」、 「ℓ」、「mℓ」等記號。

注意不過度使用「然後……然後……」

　　說明一連串的動作的時候,「……然後」這樣的字眼如果使用太多,可能會使文章變得太過冗長且不容易閱讀。考量文章的流暢性,試著進一步調整吧!

例　胡蘿蔔切成1cm厚的片狀,然後,洋蔥切成6等分的梳形切,然後用平底鍋把油加熱,然後把材料放進鍋裡炒,然後,材料變軟之後,關火。

▼

胡蘿蔔切成1cm厚的片狀,洋蔥切成6等分的梳形切。用平底鍋把油加熱,材料放進鍋裡炒軟後,關火。

除非必要,不使用「……備用」

　　「……備用」雖然是經常使用的表現,但除了需要預先準備的項目之外,其他地方最好盡量避免使用。因為一旦開始使用,就必須在所有場景中使用,如此一來,就會導致文章過於冗長。

例　不使用「……備用」的範例　胡蘿蔔切片備用。

▼

胡蘿蔔切片。

使用「……備用」的範例　奶油在室溫下放軟備用。
乾香菇用水泡軟備用

料理的命名方式

料理名稱的重點在於清楚易懂且讓人感受到美味。
不過,如果過分重視形象,而使名稱與實際內容有過大落差,
導致無法正確傳達訊息的話,那可就本末倒置了。
試著加入基本要素,
努力構思出讓人「想試著挑戰看看」的名稱吧!

在一般的料理名稱裡加上特徵

「馬鈴薯燉肉」、「漢堡排」、「馬鈴薯沙拉」這樣的料理名稱十分淺顯易懂,任何人看了都知道是什麼料理,但是卻無法呈現出差別性。如果有重點材料、特色或是創意成分的話,就試著將其表現出來吧!

例 咖哩風味的馬鈴薯燉肉
豆腐和蓮藕的漢堡排
鯤魚馬鈴薯沙拉

主要的材料名稱+烹調方式

最基本的命名方式,就是主要的材料名稱和烹調方法的組合。

例 豬肉高麗菜炒味噌
雞胸肉烤起司
番薯檸檬煮

主要的料理名稱+調味

當特色是調味、醬料或沾醬時,只要進一步標註,就可以更清楚的傳達味道。

例 漢堡排佐日式蘑菇醬
麻婆炒牛肉茄子
花生拌日本油菜和豆芽菜

表現料理的狀態

只要使用「鬆軟」、「黏稠」、「清脆」、「酥脆」、「軟嫩」、「軟爛」、「濃醇」、「配菜豐富」等，形容口感或烹調方式的詞語，就可以更添氛圍。可是，如果使用太多，可能會太過囉嗦，要多加注意。

例	鬆軟雞蛋捲
	軟爛白菜煮
	配菜豐富的馬鈴薯沙拉

表現料理的『賣點』部分

料理的特色在材料或味道以外的部分時，只要試著表現那個部分，就可以化成充滿魅力的料理名稱。例如，「簡單」、「便宜又好吃」、「10分鐘上桌」、「100日圓搞定」、「用剩餘的蔬菜」、「小朋友最喜歡」、「低熱量」等等。可是，料理名稱如果太長，反而會不容易理解，所以要多加注意。

試著使用時尚的字眼

製作異國風料理時，只要加上地名或外語，就可以更添氛圍。使用時，要注意避免使用不容易傳達的詞語，或搞錯使用方式，試著構思出充滿魅力的料理名稱吧！

例	配菜豐富的地中海沙拉
	盧原的奶油泡芙

容易閱讀的排版

食譜的內容再好，如果因為排版或文字
而導致閱讀困難的話，那就太可惜了。
只要平時多加注意，找出自認為容易閱讀的編排方式，
並以其作為參考，就沒問題了。

文字採用容易閱讀的字體和尺寸

現在的食譜都是以橫式為主流。文字不管是擠成一團或是太過鬆散，都會造成閱讀的困難，所以要試著找出最適合的字形和尺寸。文字顏色統一使用黑色，會比較容易閱讀，不過，「作法」的編號等部分則可以改變文字的顏色或是字型，此外，當編號出現在本文的時候，如果也使用相同的顏色或字型，就可以更容易閱讀。

換行或分段

「材料表」按照各材料進行換行，會比較容易閱讀。「作法」則要依照步驟加以分段，並且加上編號，這是比較普遍的分段方式。分段時要注意必要的說明，同時避免文章過分冗長。關於預先處理或訣竅等內容，不要寫在「作法」裡面，另外規劃獨立的區塊，會比較容易閱讀。

另外，列印時，符合紙張大小的配置也相當重要。

加入作法的步驟照片時

隨附照片時，除了完成品之外，如果再加上作法的流程照片，就可以傳遞出更多無法單憑文字傳達的資訊。這個時候，盡量挑選、拍攝可以傳遞出訣竅的特寫照片吧！

食譜的好壞

　　長年從事食譜校閱工作以來，我心目中的食譜只有兩種，一種是步驟逐一浮現腦海，最後湧現出料理形象，會讓人想跟著步驟挑戰看看的食譜，而另一種則是不管重複看多少次，都還是很難理解的食譜。很多人都以為，不管是什麼人寫，食譜所呈現出來的結果應該都是大同小異，但是事實上卻會因為寫的人而大不相同。好的食譜，內容相當流暢，就算不反覆閱讀，還是能輕易掌握住訣竅。

　　好的食譜會使用淺顯易懂的準確性詞語，內容具體且簡潔。另外，步驟不會有矛盾，完全依照實際製作料理時的流程。在有限的字數內，詳細說明一些不太重要的內容，關鍵部分卻三兩句帶過，這樣的食譜就稱不上是好的食譜。料理的步驟不該只是制式化的轉述，好的食譜就在於是否能夠讓讀者了解料理的流程和重點、省略應該省略的部分，並且確實傳達應該傳達的內容。

　　除此之外，稍微介紹一下常見的失誤，以及校閱者比較在意的部分吧！首先，最常出現的錯誤是，「材料表」裡面沒有「作法」裡面出現的材料，或者是相反。在「作法」的中途，鍋子突然變成平底鍋，或是忘記在烹調中途加上預先處理過的材料。另外，還有搞錯調味料份量的嚴重錯誤。

　　隨附照片的時候，也會有搞錯食譜材料、份量、切法等情況，所以也要仔細檢查。尤其是飾頂配料，也經常會有「材料表」漏寫，或是「材料表」搞錯的情況。

　　料理名稱也不可以忘記確認。料理名稱明明是「高麗菜炒豬肉」，卻使用白菜；明明是煮四季豆，卻變成「炒四季豆」……有時也會有這種詐騙感覺的錯誤，所以必須多加注意。偶爾也會看到食譜隨附的標題或是引言，和內容完全不符合的情況。校閱大量的食譜之後，才發現原來這當中有這麼多的錯誤。

　　校閱者也是人，也可能在反覆檢查「材料表」和「作法」、照片等細節之後，不小心遺漏掉料理名稱或標題等大範圍的差異之處，直到最後一刻才匆忙的修改。

步驟寫法 烹煮

墨魚芋頭煮

材料 （4 人份）

芋頭……6 個
墨魚……1 隻
湯汁
┌ 高湯……2 杯
│ 酒、味醂……各 2 大匙
└ 砂糖・醬油……各 3 大匙
柚子皮……少許
鹽……少許

> 湯汁的材料若是一次放入的情況，以彙整方式撰寫，會比較容易理解。

> 如果只寫「高湯」二字，通常都是指昆布和柴魚所熬煮的高湯。若是其他的湯，就把材料名稱和熬煮方法寫出來吧！

作法

1　芋頭切除頭尾，朝縱向削掉外皮，比較大顆的芋頭切成 2～3 塊。用加了鹽巴的熱水烹煮 3 分鐘之後，用水洗掉黏液。

2　墨魚把腳拔掉，去除眼睛、內臟和軟骨，確實清洗乾淨。身體切成較細的環狀，腳切成容易食用的大小。

3　把芋頭和墨魚放進鍋裡，加入湯汁的材料，用大火加熱。煮沸後，改用中火烹煮 20 分鐘。

4　裝盤，撒上切成小塊的柚子皮。

> 通常不需要寫「裝盤」，但如果是裝盤後進行調味，或是加上飾頂配料的情況，就要連同裝盤之後的順序寫出來。

預先處理

☐ 有沒有需要預先處理的材料？ 處理方法？

☐ 材料的切法？

☐ 有沒有需要預先調味的材料？ 預先調味的方法？

☐ 預先處理的順序？

烹煮

> 除了單純的「鍋子」之外，還有「厚底鍋」、「淺鍋」、「砂鍋」、「壓力鍋」或「琺瑯鍋」等鍋具。

☐ 鍋子等使用的道具？

☐ 鍋子等使用的道具大小或厚度？

☐ 水（高湯、清湯）的量？

> 水量有「冒頭程度的水量」、「淹過材料的水量」、「大量」等的表現方式（→ P.72）。

☐ 火候？ 中途的火候調整？

☐ 材料放入的順序？

> 如果是使用中火的情況，不需要特別寫出火候。但是在中途從大火、小火更換火候時，則必須寫出來（→ P.71）。

☐ 煮沸之後（煮開之後）的處置？

☐ 烹煮時間？

☐ 烹煮時的狀態？

☐ 放進調味料的時機和順序？

> 烹煮有「咕嘟咕嘟」、「咕滋咕滋」、「喀嗒喀嗒」等表現方式（→ P.76）。

起鍋

☐ 在變成何種狀態之後起鍋？

☐ 是否需要做最後的調味或飾頂、調配？

味噌炒豬肉油豆腐

材料 （4 人份）

豬五花肉片……200g
　預先調味（醬油、酒……各 2 小匙）
油豆腐……2 塊
乾香菇……4 朵
水煮竹筍……1 小支
蔥……1 根
薑、蒜頭……各 1 塊
紅辣椒……2 本
混合調味料
　┌ 砂糖……1 大匙
　│ 味噌……1 又 2/3 大匙
　│ 醬油……1/2 大匙
　└ 酒……1 大匙
沙拉油……4 大匙

> 預先調味所使用的調味料，也可採用在主材料下方彙整的編寫方式。

> 調味料最好事先混合起來備用時，可以用「混合調味料」、「A」、「B」等方式彙整。

作法

1　乾香菇用水泡軟，切除蒂頭，削切成對半。油豆腐淋熱水脫油，削切成 8 mm 厚。

2　豬肉切成 4 ～ 5 cm 寬，淋上醬油和酒，混合。

3　竹筍縱切成 2 塊後，切片，蔥斜切成 5 mm 厚，薑切成薄片。蒜頭拍碎，紅辣椒斜切成對半，去除種籽。

4　炒鍋加熱，放進油、蔥、薑、蒜頭、紅辣椒，用大火炒出香氣。

5　加入豬肉，用大火快炒，豬肉變色之後，加入香菇、竹筍拌炒。

6　材料裹滿油後，加入油豆腐，輕輕拌炒，避免搗碎油豆腐。

7　油豆腐變熱之後，在鍋子中央撥開一個洞，倒進混合調味料，快速的粗略翻炒，使整體均勻裹滿調味料。

預先處理

- ☐ 材料的切法？
- ☐ 有沒有需要預先調味的材料？ 預先調味的方法？
- ☐ 預先處理的順序？

快炒

- ☐ 平底鍋、鍋子等使用的道具？
- ☐ 使用的油量？
- ☐ 火候？
- ☐ 最先放進的材料？
- ☐ 炒的方法？
- ☐ 放進下個材料的時機？
- ☐ 放進其他材料的順序？

> 如果是使用中火的情況，不需要特別寫出火候。但是在中途從大火、小火更換火候時，則必須寫出來（→ P.71）。

調味

- ☐ 加入調味料的時機和順序？
- ☐ 加入調味料的方法？

> 還有「全面澆淋」、「沿著鍋緣淋入」這樣的方法。

起鍋

- ☐ 在變成何種狀態之後起鍋？
- ☐ 是否需要做最後的調味或飾頂、調配？

✏️步驟寫法 油炸

酥炸雞肉　自製醬料

材料　（4 人份）

雞腿肉……2 片（約 450g）

預先調味

　┌ 酒、醬油……各 2 大匙
　└ 薑泥……1/2 塊

自製醬料

　┌ 蒜頭……1 瓣
　│ 薑……1/2 塊
　│ 蔥……10 ～ 15 cm
　│ 醋……3 大匙
　│ 醬油……1/2 大匙
　└ 砂糖、芝麻油……各 2 小匙

太白粉……5 ～ 6 大匙

炸油……適量

> 1 片（1 塊、1 支）大小較具份量的材料，應以括號方式併記重量。

> 預先調味的材料也可以採用在主材料下方彙整的編寫方式。另外，醬料等使用的材料，只要一併彙整，就可以更清楚明瞭。

作法

1　雞肉去除多餘的外皮和脂肪，切成 4 cm的丁塊狀，裹上預先調味的材料，靜置 10 分鐘左右。

2　製作自製醬料。蒜頭、薑、蔥切成碎末，加入調味料，充分混合。

3　把雞肉放在濾網裡瀝乾水分，再進一步用廚房紙巾擦掉水分。

4　撒上太白粉，拍掉多餘的粉。用 160℃的炸油酥炸 4 ～ 5 分鐘後取出，再把油溫加熱至 180℃，再放入油鍋炸第二次。

5　起鍋後，趁熱淋拌上步驟 2 的醬料。

預先處理

☐　材料的切法？

☐　有沒有需要預先調味的材料？　預先調味的方法？

☐　預先處理的順序？

油炸前的準備

☐　材料脫水的處理方法？

☐　裹麵衣、麵粉等的方法？

油炸

☐　使用的道具？

☐　炸油的溫度？

☐　放進材料的時機和順序？

☐　油炸的時間？

> 非使用一般炸鍋的時候，也要針對「在平底鍋內倒入高約 1 cm 的油量，加熱……」等道具進行說明。

> 油的溫度分別區分為「低溫（160℃）」、「中溫（170～180℃）」、「高溫（190℃）」（→ P.87）。

> 「乾透」、「呈現焦黃色」、「酥脆」等，都是表現油炸程度的方式（→ P.88）。

起鍋

☐　在變成何種狀態之後起鍋？

☐　是否需要做最後的調味或飾頂、調配？

步驟寫法 煎烤

蒜香牛排

材料 （4 人份）

牛肉（牛排用）……2 片（400g）

蒜頭……4 瓣

西洋菜……1 把

鹽、粗粒黑胡椒……各適量

白蘭地……2 大匙

A
┌ 義大利香醋……2 大匙
└ 醬油……3 大匙

橄欖油……2 大匙

> 1 片（1 塊、1 支）大小較具份量的材料，應以括號方式併記重量。

> 有混合調味料時，只要用「A」、「B」等方式加以彙整就可以了。

作法

1. 在開始烹調的 20 分鐘前，先從冰箱內取出牛肉，讓牛肉恢復至室溫，並在兩面撒上鹽巴、黑胡椒。蒜頭橫切成片，去除芽。

2. 把橄欖油、蒜頭放進平底鍋，用小火炒至焦黃色後，取出蒜頭。

3. 改用大火，放進牛肉，一邊晃動平底鍋，煎烤 30～50 秒，改用中火，煎烤 1～3 分鐘，直到紅色的肉汁滲出。翻面，先用大火，之後改用中火，煎烤至個人喜好的熟度。

4. 火候調整成小火，在起鍋之前淋上白蘭地。酒精揮發後，取出牛肉，用鋁箔包裹保溫，放置 5 分鐘。

5. 拆開鋁箔，裝盤。鋪上步驟 2 的蒜頭，附上西洋菜，淋上混合的 A 材料。

> 通常不需要寫「裝盤」，但如果是裝盤後進行調味，或是加上飾頂配料的情況，就要連同裝盤之後的順序寫出來。

預先處理 --

☐　材料的切法？

☐　有沒有需要預先調味的材料？　預先調味的方法？

☐　預先處理的順序？

> 若是使用烤箱的話，要寫上預熱的溫度、煎烤時間（→ P.88）。

煎烤 --

☐　平底鍋、烤箱等使用的道具？

☐　使用的油量？

☐　火候？　中途的火候調整？

☐　加熱時間？

☐　熟度或煎烤方法？

> 若是中火的情況，不需要特別寫出火候。在中途從大火、小火更換火候時，則必須寫出來（→ P.75）。

> 「呈現焦黃色」、「酥脆」、「流出透明（清澈）的肉汁」等，都是表現熟度的方式（→ P.84）。

起鍋 --

☐　在變成何種狀態之後起鍋？

☐　是否需要做最後的調味或飾頂、調配？

焗烤馬鈴薯

材料　（4 人份）

馬鈴薯……大 3 個
洋蔥……1 個
培根……4 片
白醬罐……1 罐（290g）
牛奶……100ml
披薩用起司……80g
麵包粉……2 大匙
奶油……1 大匙
鹽、胡椒……各少許

> 使用市售品的情況，要以「1 罐（○g）」、「1 包（○g）」等方式併記重量。

> 除了直接寫出具體的起司種類之外，也可以採用「會融化的起司」、「切片起司（低融點類型）」等方式。

作法

1　馬鈴薯切成 1 cm厚的片狀，用大量的熱水煮軟。
2　洋蔥切成對半，切成 5 mm厚的薄片。培根切成 2 cm寬。
3　把奶油融入平底鍋，依序放進培根、洋蔥拌炒。
4　洋蔥變軟後，加入用牛奶稀釋的白醬。煮沸後，用鹽巴、胡椒調味。
5　把馬鈴薯擺放在耐熱容器裡面，倒進步驟 4 的白醬。上面鋪滿起司，撒上麵包粉，用 200℃的烤箱烘烤 15 ～ 20 分鐘，直到表面略呈焦黃色。

預先處理

☐ 材料的切法？

☐ 有沒有需要預先調味的材料？　預先調味的方法？

☐ 預先處理的順序？

放進烤箱前的烹調

☐ 平底鍋、鍋子等使用的道具？

☐ 火候？　中途的火候調整？

☐ 放進材料的順序？

☐ 放進調味料的時機和順序？

預先加熱烤箱的動作稱為「預熱」。容易和
烘烤之後的殘餘熱度「餘熱」搞混，要多加
注意。

用烤箱烘烤

☐ 什麼時候開始預熱？

☐ 烤箱的溫度？

☐ 烘烤的時間？

烹調後必須馬上放進烤箱
時，要在開始預熱的適當階
段寫出「將烤箱預熱至
○℃」。如果是不急的情
況，則可以採用「用預熱至
○℃的烤箱」這樣的簡潔寫
法。

出爐

☐ 在變成何種狀態之後出爐？

☐ 是否需要做最後的調味或飾頂、調配？

✏️步驟寫法 沙拉、涼拌、醋拌

蘿蔔火腿沙拉

■材料■ （4 人份）

蘿蔔……10 cm
蘿蔔葉……20g
火腿……2 片
烤海苔……1/2 片
沙拉醬
┌ 鹽……1/3 小匙
│ 醬油、芝麻油……各 1 大匙
│ 胡椒……少許
└ 醋……3 大匙
鹽……1 大匙

> 調味料最好預先準備起來，或者是「沙拉醬」、「沾醬」等，只要彙整編寫，就會更加清楚明瞭。

> 沙拉醬、沾醬、拌料、合醋等，分成適量製作的份量和容易製作的份量。

■作法■

1　蘿蔔將長度切成 3 等分後切絲，蘿蔔葉切碎。在材料冒頭程度的鹽水裡浸泡 10 分鐘後，確實擠掉水分。火腿切成細條。
2　沙拉醬的材料充分混合。
3　海苔撕成一口大小。
4　把步驟 **1** 的材料、沙拉醬放進調理碗混合，裝盤，撒上海苔。

> 通常不需要寫「裝盤」，但如果是裝盤後進行調味，或是加上飾頂配料的情況，就要連同裝盤之後的順序寫出來。

預先處理 -

- ☐ 有沒有需要預先處理的材料？　處理方法？
- ☐ 材料的切法？
- ☐ 有沒有需要預先調味的材料？　預先調味的方法？
- ☐ 預先處理的順序？

製作沙拉醬、沾醬、拌料、合醋 -

- ☐ 需要的材料、調味料和份量？
- ☐ 打泡器、食物調理機等使用的道具？

拌、混 -

- ☐ 使用道具？
- ☐ 放進材料的順序？
- ☐ 放進沙拉醬、沾醬、調味料等的順序？
- ☐ 混合方式的注意重點？

> 如果是提前攪拌，會在之後出水的材料，也可以註明「準備上桌之前再拌勻」。

裝盤 -

- ☐ 在變成何種狀態之後裝盤？
- ☐ 最後的調味或飾頂？

豬肉湯

材料　（4 人份）

豬腿肉片……100g
蘿蔔……5 cm
胡蘿蔔……1/3 根
牛蒡……1/4 根
蒟蒻……1/2 片
蔥……1/4 根
味噌……3 大匙
七味粉……適量

作法

1　豬肉切成 2 ～ 3 cm寬。

2　蘿蔔切成 5 mm厚的銀杏切，胡蘿蔔切成 5 mm厚的半月切。

3　牛蒡用鬃刷清洗乾淨後，斜切成 5 mm厚的薄片，泡水去除澀味。蒟蒻撕成一口大小，汆燙。

4　蔥切成 5 mm寬的蔥花。

5　把 4 杯水、豬肉、蘿蔔、胡蘿蔔、牛蒡、蒟蒻放進鍋裡，用大火烹煮。煮沸之後，撈除浮渣，改用中火，加入一半份量的味噌，烹煮 15 分鐘。

6　蔬菜變軟之後，加入蔥花，用湯汁慢慢溶解剩下的味噌，煮沸。起鍋，撒上七味粉。

通常不需要寫「起鍋」，但如果是起鍋後，還要進行調味，或是加上飾頂配料的情況，就要連同起鍋之後的順序寫出來。

煮清湯、高湯

☐ 從清湯或高湯開始製作時，材料預先處理的方法、道具、火候、烹煮時間？

> 使用「清湯」、「高湯塊」、「高湯粉」等材料時，清楚寫出需要多少份量吧（→ P.144）。

預先處理

☐ 材料的切法？

☐ 有沒有需要預先調味的材料？ 預先調味的方法？

☐ 預先處理的順序？

煮

☐ 鍋子等使用的道具？

☐ 鍋子等使用的道具大小或厚度？

☐ 水（高湯、清湯）的量？

☐ 火候？ 中途的火候調整？

> 如果是中火的情況，不需要特別寫出火候。但是在中途從大火、小火更換火候時，則必須要寫出來（→ P.71）。

☐ 材料放入的順序？

☐ 煮沸之後（煮開之後）的處置？

☐ 烹煮時間？

☐ 烹煮時的狀態？

> 烹煮有「咕嘟咕嘟」、「咕滋咕滋」、「喀嚓喀嚓」等表現方式（→ P.76）。

☐ 放進調味料的時機和順序？

起鍋

☐ 在變成何種狀態之後起鍋？

☐ 是否需要做最後的調味或飾頂、調配？

✏️步驟寫法 火鍋料理

鱈魚鍋

材料 （4 人份）

生鱈魚……3 ～ 4 塊（400g）

嫩豆腐……2 塊

鴻喜菇……100g

鴨兒芹……1 把

蔥……3 根

昆布……15 cm

配料（楓葉泥、酢橘、淺蔥蔥花、蔥花等）

　　……適宜

柚子醋醬油……適量

> 魚或肉等較具份量的整塊材料，要以「2 塊（350g）」這樣的方式併記重量。

> 除了從高湯熬煮方法開始說明的情況之外，材料表也可以直接寫「高湯…○ ml」、「昆布高湯…○ ml」。如果只寫「高湯」，通常都是指昆布或柴魚熬煮的湯。

作法

1　準備昆布高湯。昆布用確實擰乾的布擦拭之後，放進砂鍋，加入七分滿的水量，靜置 30 分鐘左右。開火加熱，在即將煮開之前撈出昆布。

2　鱈魚削切成 3 塊。放進熱水裡稍微汆燙，表面變色之後，馬上放進濾網，把水瀝乾。

3　豆腐切成容易食用的大小。鴻喜菇切除蒂頭，用手撕開，分成小株。鴨兒芹切成容易食用的長度。蔥斜切。

4　把昆布高湯的鍋子加熱，煮開之後，按每次吃的份量，依序加入鱈魚、鴻喜菇、蔥、豆腐、鴨兒芹，快速烹煮。

5　分裝至容器，搭配個人喜愛的配料和柚子醋醬油品嚐。

> 通常不需要寫「分裝至容器」，但如果是分裝後，還要進行調味，或是加上飾頂配料的情況，就要連同分裝之後的順序寫出來。

預先處理

- ☐ 材料的切法？
- ☐ 有沒有需要預先調味的材料？　預先調味的方法？
- ☐ 預先處理的順序？

煮

- ☐ 砂鍋等使用的道具？
- ☐ 鍋子等使用的道具大小或厚度？
- ☐ 水（高湯）的量？
- ☐ 火候？
- ☐ 煮沸之後（煮開之後）的處置？
- ☐ 放進材料的順序？
- ☐ 烹煮方法？
- ☐ 烹煮中途的火候調整？

> 如果是中火的情況，不需要特別寫出火候。但是在中途從大火、小火更換火候時，則必須要寫出來（→ P.71）。

起鍋

- ☐ 在變成何種狀態之後起鍋？
- ☐ 有沒有吃法？

步驟寫法 米飯料理 ❶

竹筍飯

> 米要用專用的量米杯（180ml）測量。注意不要和一般的量杯（200ml）混用。

材料 （4 人份）

米……3 杯（540ml）
水煮竹筍……150g
日式豆皮……2 片
A
- 高湯……3 大匙
- 醬油、味醂……各 2 小匙
昆布……10 ㎝方形 1 片
B
- 醬油、酒……各 2 大匙
- 鹽……1/2 小匙
花椒芽……適宜

> 湯汁、混合使用的調味料就用「A」、「B」等方式彙整。

> 米以外的材料使用 200ml 的量杯進行測量，所以當兩種材料都有出現時，為避免混淆，最好用括弧標上份量。

作法

1　在煮飯的 30 分鐘之前，把米洗乾淨，用濾網撈起。
2　昆布放進 3 杯水（600ml）裡面浸泡 10 分鐘。
3　竹筍切片。日式豆皮用熱水汆燙脫油，縱切成對半後，切成細條。
4　把步驟 **3** 的材料放進鍋裡，加入 A 的高湯和調味料，烹煮至材料吸滿湯汁。
5　把米放進電鍋，一併加入步驟 **2** 的昆布汁和 B 材料，按下電鍋開關。冒出蒸氣後，加入步驟 **4** 的材料，直接烹煮。
6　煮好之後，燜蒸 15 分鐘，裝進碗裡，配上花椒芽。

> 通常不需要寫「裝盤」、「裝進碗裡」，但如果是起鍋後，還要進行調味，或是加上飾頂配料的情況，就要連同裝盤之後的順序寫出來。

米的準備

- ☐ 要在煮飯的多久之前洗米？
- ☐ 水量？

> 「淘米」和「洗米」的差異（→ P.141）。

其他材料的預先處理

- ☐ 有沒有需要預先處理的材料？　預先處理的方法？
- ☐ 預先處理的順序？
- ☐ 材料的切法？

> 使用電鍋時，水量的測量方法有量杯，以及電鍋刻度兩種方法，要寫清楚採用哪種方法。

煮飯

- ☐ 電鍋、鍋子等使用的道具？
- ☐ 放進材料或調味料的時機與順序？
- ☐ 使用電鍋以外的鍋子等時候，火候、時間等烹煮方法的順序？

起鍋

- ☐ 飯煮好之後的燜蒸時間？
- ☐ 煮好之後要加入的材料、調味料或是飾頂配料？

✏步驟寫法 米飯料理 ❷

親子丼

材料 （4 人份）

溫熱的白飯……大碗蓋飯 4 碗

雞腿肉……2 片（約 400g）

洋蔥……1 個

雞蛋……4 個

鴨兒芹……適量

湯汁

> 高湯……2 杯
> 醬油……4 大匙
> 砂糖……1 大匙
> 酒……2 大匙
> 味醂……2 大匙

> 大碗蓋飯、炒飯、咖哩飯等，使用煮好的白飯的情況，要在材料表以「○g」、「大碗蓋飯○碗」、「飯碗○碗」、「○盤份」、「○人份」等方式載明飯量。

> 一起放入的高湯和調味料，只要用「湯汁」、「A」、「B」等方式彙整，就會更清楚明瞭。

作法

1 雞肉切成一口大小。洋蔥縱切成對半，切成 5 mm厚的薄片，鴨兒芹切成 3 cm長。

2 把湯汁的材料放進平底鍋煮沸，放入洋蔥和雞肉。

3 材料熟透後，倒入打散的蛋液。雞蛋呈半熟狀態後，關火。

4 把白飯裝進大碗裡，鋪上步驟 **3** 的材料，撒上鴨兒芹。

> 通常不需要寫「裝進大碗」，但如果是起鍋後，還要進行調味，或是加上飾頂配料的情況，就要連同裝盤之後的順序寫出來。

米的準備

- ☐ 白飯使用剛煮好的飯？還是冷飯？
- ☐ 使用冷飯時，需要加熱嗎？
- ☐ 白飯要混入調味料嗎？

> 炒飯或雜煮等，就算不用剛煮好的白飯也可以製作的情況，就清楚載明直接用冷飯也可以，或是「放進濾網，用熱水清洗」、「用微波爐加熱○分鐘」吧！

其他材料的預先處理

- ☐ 有沒有需要預先處理的材料？　預先處理的方法？
- ☐ 預先處理的順序？
- ☐ 材料的切法？

烹調的方法

- ☐ 平底鍋、鍋子等使用的道具？
- ☐ 火候？　中途的火候調整？
- ☐ 材料放進調味料的時機和順序？

起鍋

- ☐ 飯和材料混合的時機？
- ☐ 在變成何種狀態之後起鍋？
- ☐ 最後加入的材料、調味料或是飾頂配料？

步驟寫法 義大利麵

拿坡里義大利麵

材料　　（4 人份）

義大利麵……400g
維也納香腸……8 條
洋蔥……1 個
彩椒……2 個
番茄泥……10 大匙
番茄醬……5 大匙
起司粉（依個人喜好）……適當
橄欖油……3 大匙
鹽……適量
胡椒……少許

> 通常單寫「義大利麵」時，都是指乾麵。若是水煮麵或生麵，就要特別註明。

> 「10 大匙」是 150ml，也就等同於「3/4 杯」，但是，為了使添加的作業更容易，有的時候會用「大匙」來表現。

> 義大利麵是以每 100g 使用 1 公升左右的熱水為標準，不過大多只會寫成「大量的熱水」。

作法

1　香腸斜切成 8 mm 厚的片狀。洋蔥對切後，切成 5 mm 厚的薄片，彩椒去除種籽和蒂頭，縱切成 5 mm 寬的條狀。

2　義大利麵用加入一撮鹽巴的大量熱水烹煮，烹煮時要一邊攪拌，避免沾黏在一起，烹煮時間就參照包裝上的標示時間。

3　用平底鍋加熱橄欖油，炒洋蔥。

4　洋蔥變軟後，依序加入香腸、彩椒拌炒。撒入少許的鹽巴和胡椒，改用小火。

5　加入一半份量的番茄泥，混合攪拌，關火。

6　用濾網撈起煮好的義大利麵，把熱水瀝乾。放進步驟 5 的平底鍋，加入剩下的番茄泥和番茄醬，充分混合。

7　裝盤，依個人喜好，撒上起司粉。

> 通常不需要寫「裝盤」，但如果是起鍋後，還要進行調味，或是加上飾頂配料的情況，就要連同裝盤之後的順序寫出來。

烹煮義大利麵 ----------------

☐ 開始烹煮義大利麵的時機？

☐ 烹煮義大利麵的水量、
加入的鹽巴份量？

☐ 烹煮時間？

☐ 製作義大利麵沙拉或冷製義大利麵的時候，需要泡水嗎？

> 肉醬等較費時的醬料要優先烹煮，如果只有炒配料的情況，則要先從義大利麵開始烹煮，就像這樣，依容易製作的順序編寫。

> 烹煮時間會依義大利麵的種類或粗細而改變，「依照外袋標示的時間」這樣的寫法是比較保險的。依情況不同，有時則會寫「稍微硬一點」、「略帶嚼勁」、「比外袋標示時間略短」。

配料的預先處理 ----------------------------------

☐ 有沒有需要預先處理的材料？　預先處理的方法？

☐ 材料的切法？

☐ 預先處理的順序？

烹調配料 ----------------------------------

☐ 平底鍋、鍋子等使用的道具？

☐ 材料放進調味料的時機和順序？

☐ 火候？　中途的火候調整？

☐ 在變成何種狀態之後起鍋？

起鍋 ----------------------------------

☐ 義大利麵和配料混合的時機？

☐ 最後加入的材料、調味料或是飾頂配料？

✏️ 步驟寫法 甜點

星形餅乾

材料（直徑 6 ㎝的星形模型約 30 片）

低筋麵粉……200g
奶油（不添加食鹽）……100g
細砂糖……80g
蛋黃……2 顆
牛奶……1 大匙
香草精……2～3 滴
手粉（低筋麵粉）……適量

> 雖然也曾見過「無鹽奶油」的寫法，但因為是加工時不添加食鹽的奶油，所以就以「奶油（不添加食鹽）」來表現。

> 麵粉的種類（低筋麵粉、中筋麵粉、高筋麵粉、全麥麵粉等）、砂糖的種類（白砂糖、三溫糖、細砂糖、黑糖等）皆應正確撰寫。單寫「麵粉」的情況，通常都是指「低筋麵粉」；「砂糖」則是指「白砂糖」。

作法

1　奶油從冰箱裡取出，放軟備用。低筋麵粉過篩。

2　把奶油放進調理碗，用打泡器攪拌至軟化為止。

3　細砂糖分 2 次加入，充分混合。

4　加入蛋黃、牛乳、香草精，進一步混合。

5　加入低筋麵粉，用橡膠刮刀等道具快速混合攪拌。用保鮮膜包覆，放進冰箱靜置 30 分鐘以上。

6　烤箱預熱至 180℃。在調理台撒上一層手粉，用麵棍把步驟 **5** 的麵團擀成 8 ㎜的厚度，用撒上手粉的模型脫模。

7　把烘焙紙鋪在烤盤上面，再將步驟 **6** 的餅乾擺進烤盤，餅乾之間要預留空間，放進烤箱約烘烤 15 分鐘。出爐後，擺在鐵網上放涼。

預先處理 -

☐ 有沒有需要預先恢復室溫的材料，或是放進冰箱冷卻的材料？

☐ 麵粉是否要過篩？

☐ 是否有需要切起來備用的材料？

> 混合方式的表現有「粗略」、「切開」、「直到軟化」、「用手揉捏」等等（→ P.092）。

製作麵團 -

☐ 調理碗、打泡器、橡膠刮刀等使用的道具？

☐ 放進材料的順序？

> 麵團的狀態表現有「柔滑」、「一整塊」、「鬆散」、「呈乳狀」、「呈勾角（鮮奶油）」等等。

☐ 混合方法？

☐ 麵團的狀態？

☐ 麵團的醒麵方法和時間？

> 「醒麵」也可以稱為「發酵」。通常並沒有過份嚴格的區分。

用烤箱烘烤 -

☐ 烤箱的溫度？

☐ 怎麼做出麵團的形狀？

☐ 烤模的事前準備？

> 預先加熱烤箱的動作稱為「預熱」。容易和烘烤之後的殘餘熱度「餘熱」搞混，要多加注意。

☐ 烘烤的時間？

出爐 -

☐ 在什麼樣的狀態下出爐？

☐ 最後的作業？

隨時代改變的食譜

長年持續校閱食譜後，我發現料理的內容、食譜的寫法有各種不同的變化。

現在，材料種類較少、作法簡單，且說明具體的食譜似乎比較受歡迎。以前，料理的基礎或調味都是來自於家庭的傳承，而現在家庭傳承的傾向也逐漸變得薄弱，所以教導基本用語或料理步驟的食譜有增加的傾向。

現在，料理的書籍開始重視起設計的美感，相對之下，字數受限的情況也增加許多。為了在有限的字數內介紹食譜，同時又能夠清楚傳達內容，作者和校閱者可說是相當苦惱。

過去，食譜的料理份量都是以 4 人份為標準，但現在因為家庭人數減少的趨勢，食譜的份量都是以 2 人份居多。

關於材料方面，新品種的蔬菜也增加許多。青江菜是三十年前才開始普及的蔬菜，現在也已經不再那麼少見。以前原本相當珍貴的地方蔬菜也一樣，因為物流普及的關係，現在已經可以輕易購買到。由於冷凍宅配、網路普及的關係，產地直送的興起，應該也會對食譜的內容造成影響吧！

此外，中國或東南亞的調味料、義大利麵、起司、香草、紅酒、橄欖油等，海外的材料也相當流行，有許多家庭料理也紛紛開始使用。其中也有許多相當普及的菜色。

因此，出現新的材料時，校閱者都必須進一步調查，了解那是什麼材料，該採用什麼樣的標記，找出更容易讓讀者了解的表現。

市售品的品質變更好、更美味之後，人們開始尋求更簡單的食譜，因此，使用市售品的食譜也有增加的趨勢。使用新的烹調器具的料理方法也相繼問世。

健康意識抬頭之後，人們偏愛低鹽、低油的料理。另外，有益健康的材料也開始受到矚目，同時，重視熱量的情況也有增加的趨勢。在食譜裡面標示熱量的時候，由於材料的種類、份量的差異都會有所影響，因此，就必須更細心的檢查。

因為各種材料和料理法的普及，以前未曾想到過的料理組合也紛紛在食譜中登場。和過去的食譜相比，就可以明顯感受到飲食生活的變化，感覺特別有趣。

第 **2** 章

料理用語

從基礎開始詳細說明料理相關的說明用語。
在此列舉經常出現的詞語和各種狀況，
亦可以直接使用於食譜。

料理的道具

料理時會使用各種不同的道具，
但並非所有道具都會羅列在食譜裡。
除了鍋子、平底鍋等基本道具之外，
至少要載明推薦使用的便利道具或必備的道具。

料理的道具

　　平底鍋、鍋子、炒鍋、砂鍋、壓力鍋、琺瑯鍋、蒸籠、電鍋等，使用什麼道具烹調，都應該寫清楚。有特殊需求的時候，只要具體寫出「鐵氟龍加工的平底鍋」、「直徑 20 ㎝的平底鍋」、「厚底的鍋」，就可以正確傳達火候或水量。另外，蓋上鍋蓋、加上鍋中蓋的時候，也不要忘了寫出來。

　　關於加熱器具方面，使用**烤爐、烤盤、烘焙機、微波爐、烤箱、烤麵包機**等時候，要具體寫出各個種類、加熱時間（微波爐→ P.070、烤箱、烤麵包機→ P.084、烤爐→ P.085）。用瓦斯爐烹調的時候，只要寫「加熱」就可以了。

例
- 把材料和高湯放進鍋裡加熱。
- 把橄欖油和蒜頭放進平底鍋，開小火加熱。
- 蓋上鍋蓋，慢煮 15 分鐘。
- 把材料放進鍋裡，加上鍋中蓋，烹煮 10 分鐘左右。
- 用 200℃的烤箱烘烤 20 分鐘。

混合的道具、拌炒的道具

　　混合、拌炒材料的道具有，飯勺、木鏟、橡膠刮刀、矽膠製刮刀（刮勺）、湯勺、打泡器、筷子、鍋鏟等。使用什麼道具，如果有特殊必要的話，就要寫出來。

　　材料使用調理碗、洗菜盆等何種道具混合，就算沒有寫出來也沒關

係。甜點食譜等，基於作業面而必須特別載明的話，就要寫出來。

例 ・把合醋加進白飯裡，以切開的方式，
　　用飯勺拌勻。
・用橡膠刮刀攪拌，直到呈現乳狀。
・把材料放進調理碗，用打泡器攪拌。

食物調理機、果汁機等

- -

　　使用食物調理機或果汁機的時候，就寫**「用食物調理機（攪拌機）攪拌」、「用果汁機攪拌」**。

　　手持型的 Bamix 均質機（手持攪棒）、多功能攪拌器、手持攪拌器全都是商品名稱。一般的名稱則有**手持料理機、手持攪拌棒**等。

最佳的用語範例

- -

　　廚房周邊有許多以「通稱」稱呼的道具。寫食譜的時候，盡量不要使用商品名稱比較妥當。例如，以「塑膠袋」、「尼龍袋」來說，料理中實際使用的幾乎是聚乙烯或聚丙烯材質，所以通常都是寫「塑膠袋」。

鐵氟龍加工	鐵氟龍（商品名稱）
密封容器	特百惠、Tupperware
保鮮膜	Saran Wrap、Krewrap
廚房紙巾	舒潔廚房紙巾
塑膠袋	尼龍袋
冷凍用保存袋	Ziploc（商品名稱）、冷凍袋（Freezer Bag）
烤箱用烘焙紙	烘焙用紙

微波爐

　　微波爐不僅可以用來烹調，在冷凍材料的解凍、蔬菜的預先處理上也相當方便。微波爐的烹調時間會因高頻率輸出的瓦數（W）而有不同，簡單寫「用微波爐加熱○分鐘」的時候，幾乎都是以 500 ～ 600W 為標準。**「用 600W 的微波爐加熱○分鐘」**，只要像這樣，在調查瓦數後，正確編寫，就可以正確傳達。雖然也可以依照各瓦數來換算加熱時間，但結果仍會有些許差異，所以還是以實際使用的情況尤佳。

　　另外，**「包覆保鮮膜」**、**「放進塑膠袋，袋口稍微打開」**、**「撒上些許的水」**、**「用竹籤在維也納香腸（蛋黃、綠辣椒）上面搓幾個洞」** 等，加熱之前必須進行的作業，一定要寫出來。

各瓦數的加熱時間標準

400W	500W	600W	700W	900W	1000W
40 秒	30 秒	20 秒	20 秒	20 秒	20 秒
1 分 20 秒	1 分	50 秒	40 秒	30 秒	30 秒
1 分 50 秒	1 分 30 秒	1 分 10 秒	1 分	50 秒	50 秒
2 分 30 秒	2 分	1 分 40 秒	1 分 30 秒	1 分 10 秒	1 分
3 分	2 分 30 秒	2 分	1 分 50 秒	1 分 20 秒	1 分 20 秒
3 分 50 秒	3 分	2 分 30 秒	2 分 10 秒	1 分 40 秒	1 分 30 秒
5 分	4 分	3 分 20 秒	2 分 50 秒	2 分 10 秒	2 分
6 分 20 秒	5 分	4 分	3 分 30 秒	2 分 50 秒	2 分 30 秒

＊以 500W 為計算標準。未滿 10 秒四捨五入。

火候

火候的調整對料理的完成度有極大影響。
微波爐、烤箱可以明確寫出○℃或○W，
但是，瓦斯爐要如何正確寫出火候呢？

小火

瓦斯爐的火不會碰觸平底鍋或鍋底的狀
態。炒容易焦黑的香味蔬菜，或是慢火烹煮
的時候，都是用這樣的火候。

中火

瓦斯爐的火隱約碰觸到平底鍋或鍋底的
狀態。這是最常使用的火候。只使用中火
時，就算沒有特別寫出來也沒關係。可是，
在中途改變火候的時候，則要寫「**鍋子用大
火加熱，煮開後改成中火**」。

大火

瓦斯爐的火以猛烈的態勢，碰觸到平底
鍋或鍋底，加熱底部整體的狀態。把熱水煮
開的時候，或是中式的快炒、收乾湯汁的時
候，都是使用這種火候。

水量

「材料表」原則上不會寫料理使用的水量。
水使用多少份量，就在「作法」的內容中指定。
以例外來說，當成湯汁或混合調味料等一起製作的情況，
就寫在「材料表」。

決定水量的時刻

水量的單位用 l 或 ml 表示。雖然 cc 和 ml 是相同份量，但現在的公式都不使用 cc。用 1 大匙（15ml）、1 小匙（5ml）、1 杯（200ml）來標示，會相當便利。

「大量」的水

所謂的「**大量**」是指，材料完全沉在水裡，鍋子加熱煮沸時，湯不會溢出程度的水量。烹煮蔬菜時，或香菇、山菜等去除澀味的時候，要煮沸「大量」的熱水。

另一方面，煮乾麵的時候，有時也會依照份量，寫成「**煮沸每○g○l的熱水**」。

「淹過材料」的水量

「**淹過材料**」是指，材料剛好沉在水面下的水量。煮馬鈴薯或蘿蔔時，會採用這樣的水量。

「冒頭程度」的水量

「**冒頭程度**」是指，材料的表面隱約露出水面的水量。一般燉煮料理時經常使用。

點水

煮麵的時候，為了暫時緩和沸騰狀態，避免煮開的熱水溢出，會另外加水，這個動作稱為「**點水**」。煮豆子的時候，為了讓外皮膨脹，也會採用點水的動作，這種動作又稱為「**打水**」。水的份量就算沒有特別標註也沒關係。

| 例 | ・把細麵放進大量的熱水裡，用筷子攪拌，避免麵條黏在一起，再次煮沸後，點水。 |
| | ・黑豆和湯汁加熱，煮沸後，撈除浮渣，用 1/2 杯的點水 2 ～ 3 次，烹煮 1 小時。 |

加進太白粉或明膠裡面的水

用水溶解太白粉，或浸泡明膠的時候，有時並不會特別標記水量，但如果附帶寫出，就會讓人感覺更貼心。一般的比例是，太白粉 1：水 1 ～ 2、明膠 1：水 4 ～ 5（明膠、寒天→ P.093）。

例	・1 大匙的太白粉用 2 大匙的水溶解後，倒進鍋裡勾芡。
	・板明膠在大量的水裡浸泡 10 分鐘，使其膨脹。
	・把粉明膠 20g 倒進 100ml 的水裡浸泡，使其膨脹。

把乾物泡軟的水

黑木耳、海藻等乾物或豆類，該用多少水量泡軟？都是用「大量」、「淹過材料」、「冒頭程度」等方式來表現。把泡軟乾香菇、蘿蔔乾或乾瓢等的水，當成湯汁使用時，就寫「用淹過材料的水泡軟」、「浸泡水留下來備用」（乾物→ P.138）。

例	・用大量的水清洗羊栖菜，放進冒頭程度的水裡浸泡 20 ～ 30 分鐘。
	・裙帶菜用大量的水泡軟，把水份擠乾，切成一口大小。
	・乾香菇用淹過材料的水量泡軟，稍微把水擠掉。乾香菇的浸泡水留下來備用。

水煮

烹煮材料是非常熟悉的料理基礎，
單靠烹煮就可完成的料理也有許多。
這是預先處理時，經常使用到的料理法。

水煮、焯水

　　「**水煮**」時，要把相對於材料的「**大量的水**」或「**淹過材料的水**」煮開，使材料熟透。依照材料的不同，有時也會在熱水裡加入鹽巴，採用「**鹽煮**」，至於要加入多少鹽巴，如果可以寫出份量的標準，讀者就會更清楚明瞭。

　　進入正式烹調之前，為了去除材料的澀味、軟化材料，使味道更容易滲入，有時也會採取「**汆燙**」的動作。

　　和水煮類似的詞語是「**焯水**」。焯水是短時間加熱的意思。又稱為「**快煮（飛水、出水）**」。青菜等，烹煮過久會導致色澤或口感變差的材料，都會使用這種方法。

　　有腥味的材料，會把烹煮的湯汁丟棄不用，採取「**焯水後倒掉**」的動作，去除澀味、腥味或黏液。若是之後要把烹煮的湯汁用於烹調的情況，為了避免不小心丟棄，就要特別寫出「**烹煮湯汁預留備用**」。

　　依蔬菜種類的不同，採用的焯水方法也不相同，有直接放進冷水裡烹煮（冷水投料）的種類，以及水煮開之後再放進鍋裡烹煮（沸水投料）的種類。通常，在土裡面種植的蔬菜（馬鈴薯、芋頭、胡蘿蔔、蘿蔔等根莖類蔬菜）和玉米，都是直接放進水裡烹煮，而種植在地面上的蔬菜（菠菜等青菜、高麗菜、白菜、四季豆、青花菜等）則是把水煮開後再放進鍋裡烹煮。不過也是有例外。切成小塊的根莖類蔬菜，希望保留口感的時候，也可以等到把水煮開之後再放進鍋裡烹煮。碰到容易混淆的材料時，只要確實寫出在

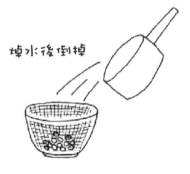

焯水後倒掉

哪個時機把材料放進鍋裡，就沒問題了。

起鍋後……

　　該烹煮多少時間，可以寫成「**烹煮〇分（秒）**」，除了確實寫出時間之外，也可以用狀態來表示，例如「**烹煮至軟爛**」、「**直到變軟**」、「**竹籤可以刺穿的程度**」等等。

　　起鍋之後，會採取「**把湯倒掉**」、「**用濾網撈起**」，或是瀝乾的動作。瀝乾水分的材料也會在「**趁熱**」或是「**放涼**」至可用手觸摸的程度，再進行下一個烹調或調味步驟。

　　菠菜等青菜也有「**浸泡冷水**」、「**沖冷水**」的情況。利用調理碗裡面的大量冷水，或是流動的冷水，去除材料的澀味，同時維持鮮豔色澤、保留口感。可是，過水的動作如果太久，就會導致材料變得水水的，要多加注意。

例
- 馬鈴薯呈現竹籤可以刺穿的鬆軟度後，把湯倒掉，再次加熱，蒸發收汁。
- 用大量的熱水烹煮青花菜後，用濾網撈起。放涼後，用沙拉醬拌勻。
- 菠菜煮好之後，馬上放進倒滿冷水的調理碗，用筷子快速弄散。換水，沖冷水 3 分鐘左右，把水擠乾。

汆燙的情況

　　用熱水短時間烹煮材料，只讓材料表面受熱的動作，稱為「**汆燙**」或「**汆燙**」。還有基於相同目的，把材料放在濾網裡面，「**沖淋熱水**」的情況。日式豆皮或油豆腐、蔬菜豆腐丸可透過汆燙「**脫油**」的動作，去除多餘的油脂及氧化的油。

　　魚骨或雞骨等材料，通常會先用大量的熱水汆燙，再浸泡冷水。以這種方式讓表面受熱並去除髒污或黏液，使材料呈現「**霜降**」之後再進行烹調。

烹煮

「烹煮」二字說來簡單，但事實上放入材料或調味料的方法、
火候的調整等，都會使最後的料理產生極大改變。
為了製作出口感和味道都恰到好處的烹煮料理，
盡力採用適當的表現吧！

材料的預先處理

　　關於必須在烹調之前做好預先處理的材料，要在一開始彙整寫出。基
本上，為了使材料受熱平均，材料的切法應該盡可能使大小、厚度一致。
不容易熟透的材料或是有澀味、腥味的材料、色澤容易改變的材料，要在
烹調之前採取「**汆燙**」動作（→ P.075）。

烹煮

　　在食譜用語中，湯汁沸騰的現象用「**煮開、煮沸**」來表現。通常，烹
煮是先把水（或是高湯、湯汁等）倒進鍋裡，用大火或中火加熱，等到水
煮開之後，再放入材料，之後再進一步調整火候。和「**水煮**」的情況相同，
烹煮同樣也有冷水投料和沸水投料 2 種方式（→ P.074）。具體寫出放入
材料的順序，以及放入調味料的時機吧！

　　單純「**快煮**」、「**蓋上鍋蓋**」慢煮，或是「**蒸發收汁**」讓水分蒸發，
烹調方法會因料理而有不同。

　　把材料或調味料放進煮開的熱水（高湯、湯汁）裡，然後再進一步煮
開的動作，稱為「**再次煮開**」。類似的詞語「**再次烹煮**」，則是指在不把
湯汁煮開的情況下，加熱材料。

　　「**咕嘟咕嘟**」是大火煮開湯汁，湯汁表面冒泡，材料滾動的狀態。「**咕
滋咕滋**」、「**噗滋噗滋**」是中火，材料緩慢晃動的狀態。「**喀噠喀噠**」則
是小火，湯汁的表面輕輕晃動，材料幾乎不會滾動的狀態。

　　容易軟爛的材料為了充分入味，用湯匙等道具撈起湯汁，淋在材料上
面的動作稱為「**澆淋湯汁**」。

為了充分入味，同時預防材料煮爛掉，有時也會採取「**加上鍋中蓋**※」的動作。通常都是採用矽膠製或木製的鍋中蓋，不過，有時也會把鋁箔或廚房紙巾剪裁成鍋子大小，製作成簡易的鍋中蓋。烹煮較軟材料的時候，尤其適合這種方法。

依照烹煮方法的不同，有下列幾種表現。花較長時間慢煮的「**燉煮**」。一邊蒸發收汁，花較長時間烹煮的「**熬煮**」。蒸發收汁，讓湯汁裹在材料表面的「**燒煮**」。慢煮直到濃郁湯汁幾乎沒有殘留的「**乾燒**」。用味道較淡的湯汁，慢火入味的「**清燉**」等。

把水加進米飯或豆類等材料裡加熱，在沒有水份殘留的狀態下起鍋，稱之為「**炊煮**」，不過，日本關西地區也是用「炊煮」來表現「烹煮」。

例　・把青甘鰺的骨頭、蘿蔔、1 杯水、調味料放進鍋裡加熱，煮開後，撈除浮渣。加上鋁箔製成的鍋中蓋，咕滋咕滋烹煮 20 分鐘。
　　　・把 2 杯水、調味料放進底部平坦的鍋子混合，擺入比目魚。用小火烹煮 10 分鐘後，改用中火，一邊澆淋湯汁，進一步烹煮 10 分鐘。

湯汁和材料的狀態
- -
煮開後必須烹煮多久，是絕對不可欠缺的說明。雖然可以直接使用時間來說明，但是，烹煮情況也可能因鍋子、材料的切法、火候等各種狀況而改變。因為很難精準掌握，所以通常都是以湯汁或材料的狀態說明來取代時間的說明。

所謂的「**材料熟透**」是指，材料呈現可食用或軟嫩的狀態。根莖類蔬菜等不容易熟透的材料，則是寫「**烹煮至竹籤可刺穿的程度**」、「**烹煮至邊角鬆軟的狀態**」。如果是「**烹煮至收乾湯汁為止**」，就是一邊蒸發收汁，待湯汁幾乎收乾後，關火。加入調味料，整體都裹滿味道的狀態則是「**充分入味之後**」。

材料充分煮軟，關火後，直接放著，讓湯汁慢慢吸收入味，就稱為「**使味道入味**」。

濃郁湯汁幾乎收乾，材料裹滿味道的狀態就是「**乾燒**」，而留下較多味道略淡的湯汁的狀態，就變成「**浸煮**」。

※ 鍋中蓋：原文為「落とし蓋」，日本燉煮料理時常用的或內蓋。
　　直接放入鍋中，壓在食材上的烹煮方式。

「烹煮」的變化

● **酒精揮發**

　　將酒、味醂或紅酒等加熱，使內含的酒精揮發。沾醬、沙拉醬等，之後不進行加熱的調味料的烹調法。

● **炒煮**

　　材料炒過之後，放入調味料、水或高湯進行烹煮的烹調法。

● **炸煮**

　　容易煮爛的材料或口味清淡的材料，先用油炸過之後，再進行烹煮的烹調法。增添油的濃郁和鮮味。

● **照燒**

　　使用醬油、砂糖和味醂等製作的鹹甜湯汁，進行「**燒煮**」，使材料表面呈現發亮光澤的烹調法。

快炒

快炒不僅可以在短時間內簡單完成，
同時也是變化豐富且令人熟知的烹調方法。
材料預先處理的方法、快炒的順序及時機、
火候的調整等，都對料理的成敗影響很大。

材料的預先處理

為了開始入鍋快炒之後，能夠一氣呵成，通常都是先從材料的預先處理開始編寫步驟。基本上，為了使材料均勻受熱，材料的大小、厚度應盡可能一致。

肉進行預先調味的時候，要在切好之後，寫出預先調味的方式，例如「把鹽巴、胡椒撒在肉上面」、「讓肉裹滿醬油、酒、味醂、薑汁」。

另外，如果材料表中有「**混合調味料**」、「**A**」等彙整的調味料，要在加熱之前，「**預先把混合調味料混合起來備用**」。預先準備起來，就可以不急不徐的進行調味。

熱油……

使用的道具通常是平底鍋或炒鍋。

有放油的情況，只要材料表中已經有指定油的種類或份量，作法只要寫「放油」就可以了，但如果是使用多種種類的油，或是分多次使用油的情況，就要在每次使用時，具體寫出「放進 1 大匙沙拉油」等內容。

「**用平底鍋熱油**」的情況，使用的火候是中火。採用大火或小火時，就要寫成「**把油放進平底鍋，用大火（小火）加熱**」。首先，單獨炒香味蔬菜的時候，大多都是使用小火；而炒鍋快炒則多半是使用大火。在中途調整火候時，務必寫出使用的火候。使用炒鍋時，首先要把「**鍋子加熱，並放進油**」這個步驟寫出來。

例	・用平底鍋加熱 1 大匙油，把肉放進鍋裡炒。
	・把橄欖油、蒜頭放進平底鍋，用小火加熱。
	・用大火加熱炒鍋，倒進沙拉油和芝麻油，油融合一起之後，把肉放進鍋裡。

放進材料……

放入材料的順序也很重要。通常，是從胡蘿蔔、牛蒡、蓮藕等，比較不容易熟的根莖類蔬菜開始炒，青菜、豆芽、蔥、豆腐等，烹煮過久會破壞口感和色澤的材料，則留到最後再放入。

肉或雞蛋，有時會有先放進鍋裡炒，然後暫時起鍋，之後再放回鍋裡的情況。

例	・雞蛋打成蛋液，倒進熱油的平底鍋裡面，粗略攪拌，呈現半熟狀後，起鍋。

材料的狀態

開始快炒之後，放入下個材料的時機、起鍋的狀態，都必須詳細說明。炒肉的時候，肉的顏色會逐漸變白。這時候可以寫成「**肉變色之後**」、「**肉呈現焦黃色之後**」，如果是絞肉的話，則可以寫「**變得鬆散之後**」。接下來就是放入下個材料，或是「**暫時起鍋**」。若是暫時起鍋的話，千萬不要忘了註明把材料放回鍋裡的時機。

首先是炒薑、蒜頭或蔥等香味蔬菜的情況。把油和香味蔬菜放進平底鍋或鍋裡，用小火拌炒。油慢慢起泡，開始產生香氣後，就是「**產生香氣**」的狀態。

接著，炒洋蔥的情況。把切片的洋蔥放進熱油的平底鍋裡，首先，洋蔥整體會裹滿油，表面呈現油亮光澤。這就是「**裹滿油**」的狀態。再進一步翻炒之後，洋蔥會呈現「**通透**」狀態，這時的洋蔥在保留口感的同時，還會產生甜味，若是再繼續翻炒的話，洋蔥就會呈現「**柔軟**」狀態，甜味和鮮味也會隨之增加。製作咖哩或燉牛肉等料理的時候，也會有把洋蔥「**炒至焦色**」的情況。

青椒或高麗菜等綠色蔬菜在裹滿油，「**呈現鮮豔色澤之後**」，就會快速進入下一個作業。

材料經過「**拌炒**」，差不多熟透之後，就要「**澆淋**」調味料。為了使調味料的香氣更加明顯，有的時候會採用「**沿著鍋緣淋入**」的方式。進入「**快速混合整體**」、「**確實裹上味道**」的步驟之後，就代表料理即將進入完成階段。不過，在中式料理當中，有時還會有「**加入太白粉水、勾芡**」的步驟。

　　材料如果煮得過久，色澤、味道和口感就會變差，蔥、豆芽或四季豆等，要留到最後再加入。加入的時機是在放入調味料之前，還是之後，或許各不相同，不過，最後就是「**快速拌炒混合整體**」或是「**稍微混合**」，就可以起鍋了。

例
- 炒鍋加熱，放油，炒雞肉。肉變色之後，依序放入胡蘿蔔、牛蒡、香菇拌炒。
- 把橄欖油、蒜頭、紅辣椒放進平底鍋，用小火拌炒。蒜頭略呈焦色後，放入義大利麵拌炒。
- 整體裹滿油之後，從鍋緣淋入混合調味料，快速攪拌混合。

煎烤

在煎烤料理中,最常登場的道具是平底鍋。
除此之外,還有使用烤爐、烤箱或烤盤的燒烤料理。
編寫的時候,就以預先處理和煎烤方法為重點吧!

材料的預先處理

為了烹調出表面呈現酥脆的漂亮焦色,裡面確實熟透的煎烤料理,烹調之前的預先處理相當重要。

材料為冷凍情況時,只要「**將材料解凍,用廚房紙巾擦掉多餘水分**」就可以了。有厚度的肉塊或牛排用的肉,只要從冰箱內取出,「**恢復至室溫**」,就不會有受熱不均的問題。肉有時也會用肉槌或擀麵棍「**敲鬆**」或是「**斷筋**」。

薑燒或味噌燒、照燒等,需要預先調味的情況,要清楚寫出要在何種狀態下,浸漬多久的時間。

材料「**撒鹽、灑胡椒**」的時機,如果是牛排用的肉通常都是在下鍋煎烤之前。如果是魚的情況,為了去除腥味,某些種類必須在「**抹鹽後,放置 10 ～ 30 分鐘**」。

不容易熟透的肉塊或根莖類蔬菜,有時需要在事前採用水煮或微波爐加熱之類的半烹調處理。

肉的範例

- 沙朗牛肉用麵棍輕輕敲打,讓肉質變軟嫩,並在整體撒上鹽巴、胡椒。
- 里肌豬肉在瘦肉跟肥肉的交界處,切出 4 ～ 5 道切痕,切斷肉筋,在整體撒上鹽巴、胡椒。
- 雞腿肉用叉子在雞皮刺出幾個洞。
- (薑燒的)豬肉在薑泥和調味料混合的沾醬裡,浸泡 10 分鐘。
- 一邊擠壓出(漢堡排的)餡料裡面的空氣,搓揉成橢圓狀,讓中央內凹。

- 鮭魚（魚塊）用廚房紙巾擦掉多餘的水分，在整體撒上鹽巴、胡椒。
- 鯖魚（魚塊）放在濾網裡面，撒鹽，放置 20 分鐘。
- （法式乾煎的情況）魚抹上麵粉，拍掉多餘的麵粉。
- （粕燒的情況）把魚浸漬在酒粕裡面，在冰箱裡放置 3 天。（煎烤之前）用廚房紙巾擦掉酒粕。

熱油……

　　有放油的情況，只要材料表中已經有指定油的種類和份量，作法只要寫「**放油**」就可以了，但如果是使用多種種類的油，或是分多次使用油的情況，就要在每次使用時，具體寫出「放進 1 大匙沙拉油」等內容。

　　火候如果是中火的情況，就算沒有特別寫出來也沒關係，但如果是使用大火或小火，就要在改變火候的時候寫出來。

放進材料……

　　把煎烤材料放進鍋裡的時候，要把「**裝盤時的那一面**」（雞腿肉或魚塊的話，就是有皮的那一面）朝下，先進行煎烤。材料數量較多時，要採用『**排放**』的方式，避免重疊。

　　如果是什錦燒、韓國煎餅、鬆餅的情況，就要寫放進多少份量、採用什麼形狀。

例
- 用平底鍋加熱 1 大匙油，把肉放進鍋裡，裝盤時的那一面朝下。
- 把奶油、蒜頭放進平底鍋，用小火加熱，鮭魚皮朝下，排放進鍋裡。
- 用平底鍋把油加熱，撈取一個湯勺的份量（什錦燒的餡料），倒進鍋裡，並將餡料攤平。

皮 的 那 一 面 朝 下

煎烤火候……

牛排或香煎的魚塊等材料，不要經常翻動，「**煎烤○分鐘後**」或「**呈現焦黃色後**」再翻面。如果是魚塊或什錦燒的話，「**等周圍變成白色後**」再進行翻面。這個時候，如果需要改變火候，也必須加以註明。

切丁的肉等材料，要用「**滾動**」或「**在平底鍋上面輕壓**」的方式煎烤。

表面凝固，呈現深褐色之後，就是「**煎得恰到好處**」的狀態。肉片或培根等材料，則要煎烤「**酥脆**」。

肉「**滲出透明（清澈）的肉汁**」，或是「**用手指按壓中央，感覺有彈性的話**」，就代表裡面已經熟透。

例 ・（肉）煎烤 3 分鐘，呈現出煎得恰到好處的焦黃色後，翻面，再進一步煎烤 2 分鐘。

・（漢堡排）在中途翻面，一邊煎烤 5 ～ 6 分鐘，把竹籤刺進中央，只要有清澈的肉汁流出，就可以起鍋。

平底鍋燜煎……

把材料和水、酒或紅酒放進平底鍋，蓋上鍋蓋，利用蒸氣加熱，就稱為「**燜煎**」。首先，把材料表面煎得酥脆之後，為了使內部熟透，也會採用燜煎的方式。

例 ・把花蛤和蒜頭、白酒放進平底鍋，蓋上鍋蓋，開火燜煎。

・餃子呈現焦黃色後，倒進 50ml 的水，蓋上鍋蓋燜煎。

使用烤箱、烤麵包機的情況

烤箱必須在使用之前預熱，這個時候就寫成「**把烤箱加熱至 180℃**」或「**烤箱預熱至 180℃**」。這裡常常導致混淆的詞語是「**預熱**」和「**餘熱**」。「**預熱**」是預先加熱，「**餘熱**」則是殘餘的熱度。

繼溫度之後，一定要寫出需要烤幾分鐘。也可以簡略寫成「**用 180℃ 的烤箱烘烤 15 分鐘**」。

烤麵包機不需要預熱，所以就寫成「**用烤麵包機烤 10 分鐘**」或「**在烤麵包機的烤盤上面鋪鋁箔，烤 10 分鐘**」。

另外，連同器皿一起放進烤箱或烤麵包機的時候，就寫把材料「**放進耐熱容器**」。

使用爐具隨附的烤爐

瓦斯爐或系統廚房的烤架通常都被稱為「**烤魚架**」，但其實不光是魚，各種材料都可以烤。烤爐的燒烤方式有單面烤和雙面烤、有水和無水這樣的差異，各種方式所烤出來的效果也各不相同，所以在食譜裡面清楚註明使用的烤爐類型吧！單面烤的烤爐，必須在中途把材料翻面，同時，和雙面烤爐相比，時間大約會多花 1.5 倍左右。

在開始烤之前，烤爐要先「**預熱**」。確實預熱的時候，溫度大約是300℃。可是，慢烤的時候，也會有索性不進行預熱，直接開始烤的情況。如果關火之後，還要利用「餘熱」加熱的話，就要把參考時間寫出來。

例　把魚排放在預熱的烤網上面，魚皮朝上擺放，烤 5 分鐘後關火，利用餘熱加熱 1 ～ 2 分鐘，使內部熟透。

油炸

油炸料理好吃與否，
關鍵在於事前的預先處理和適當的油溫。
正確傳達美味油炸料理的製作秘訣，
以及作法吧！

油的種類

　　如果是一般的油炸料理，「材料表」就寫「**炸油　適量**」。這個時候的「炸油」，通常都是指「沙拉油」，具體來說，還有大豆油、菜籽油、棉籽油、玉米油、米油、紅花油、葵花籽油、2 種以上的油所混合而成的調和油。炸豬排、可樂餅時也會用豬油炸。

　　油量會因炸鍋大小而有不同，所以通常都是寫「適量」，幾乎不會特別指定。材料比較沒有厚度或少量時，「**在平底鍋裡面倒入 1 ～ 2 ㎝高的油**」也可以油炸。

材料的預先處理

　　若要讓材料內部均勻受熱，酥炸出完美的形狀，開始油炸之前的預先處理最為重要。

　　材料如果有太多水分，不是無法完整裹上麵衣，就是會導致熱油噴濺，所以「**要用廚房紙巾把水分擦乾**」。預先調味的時候，把什麼樣的狀態、多少時間寫清楚吧！

　　為了炸出漂亮的形狀，炸豬排用的豬肉要「**在瘦肉和肥肉的交界處切出 4 ～ 5 道刀痕**」；蝦子要「**在腹側切出刀痕，稍微拉長**」。綠辣椒等中央空心的蔬菜，為避免破裂，要用「**竹籤刺出 2 ～ 3 個洞**」，或是「**用菜刀切出刀痕**」。

蝦子只要在腹側
切出刀痕，炸蝦
就不會捲曲

油的溫度

依材料和麵衣的不同，所適用的油炸溫度也有所差異，所以一定要把適用的溫度寫清楚。「用加熱至中溫（170℃）的炸油」就像這樣，同時寫出「**低溫**」、「**中溫**」、「**高溫**」的區別和溫度，就可以更加清楚明瞭。

雖然市面上也有販售炸物專用的溫度計，不過，透過麵衣或麵包粉掉進油鍋裡的狀態，還是可以了解大致的溫度。測量溫度的時候，要先用筷子等道具攪拌一下油鍋，使整體的溫度分布均勻。

●低溫（160℃左右）

麵衣或麵包粉掉落之後，會先沉入鍋底，然後再緩慢浮至鍋面。不容易熟透的根莖類蔬菜、有厚度的肉類等，需要慢炸的材料，就使用這種溫度。

●中溫（170～180℃左右）

麵衣或麵包粉掉落之後，會先沉到油深度的一半左右，然後快速浮至鍋面。所有炸物最常使用的溫度。

●高溫（190℃左右）

麵衣或麵包粉掉落之後，呈現不會沉底，而在表面散開的狀態。除了酥炸小魚等之外，用中溫炸過之後，為了更酥脆時，也會使用高溫再炸一次（二次油炸→ P.089）。

裹麵衣……

炸物通常都是「**依照麵粉、蛋液、麵包粉的順序裹上麵衣**」。除此之外，還有「**均勻沾上麵衣**」的天婦羅或油炸餡餅、「**撒上麵粉（小麥粉）**」，

拍掉多餘麵粉」的裏麵衣方式，不管是哪種方法，都要確實寫清楚。若是不沾任何麵衣，直接炸的情況，就稱為「**清炸**」。

放進炸油裡面……

材料如果一次放進油鍋，油的溫度就會下降。放入油鍋的材料份量是以「**油的表面積的一半**」為標準。油炸大量材料時，只要依照澀味較少的蔬菜、有澀味的蔬菜、魚、肉的順序放進油鍋，就不用擔心油會沾染味道。

除了「**炸○分鐘**」這樣的簡單寫法之外，如果再加上「**一邊上下翻動**」、「**用筷子撥動，避免沾黏在一起**」等油炸時的注意事項，就可以更清楚明瞭。

「**快速**」或「**慢炸**」，直到表面呈現乾脆的「**乾透**」狀態，或是小魚等呈現「**酥脆**」狀態、明亮褐色的「**焦黃色**」，或是呈深褐色的「**鬆脆**」狀態，「**內部完全熟透**」之後，就可以起鍋。「**油滋滋作響的聲音變小**」、「**材料浮至油面**」都可以作為起鍋的參考標準。南瓜或番薯等較硬的蔬菜，只要「**竹籤可以刺穿**」就算 OK。

油炸料理有時也會在起鍋之前，採取「**增強火力酥炸**」的動作。

例
- （炸雞用的）雞肉確實用調味料醃漬入味，撒上太白粉，放進加熱至低溫（160℃）的油鍋裡面。
- （天婦羅用的）蝦子沾上麵粉，拍掉多餘的麵粉。抓住尾巴，使整體沾滿麵衣，放進中溫（170℃）的油鍋裡。
- （可樂餅的）餡料搓成橢圓形，依序裏上麵粉、蛋液、麵包粉，用中溫（180℃）的炸油酥炸。

起鍋之後……

材料炸好之後，放在炸網或廚房紙巾上面「**瀝油**」。有時還需要在「**趁熱**」或「**放涼**」的時候，淋上醬料或撒上配料，或者是進入下一個烹調階段。

以南蠻漬為例，材料炸好之後，還必須寫出之後的步驟，「**趁熱放進浸漬醬裡面浸漬**」、「**一邊上下翻動**」、「**浸漬○分，使味道入味**」、「**放涼後，裝盤**」。

・（南蠻漬用的竹莢魚）用中溫（180℃）的炸油酥炸。起鍋後，放進
浸漬醬裡面浸漬，一邊上下翻動，裹滿浸漬醬。

・（甜甜圈）炸至表面呈現焦黃色，瀝油。放涼之後，撒上細砂糖。

二次油炸⋯⋯

　　就如字面所寫的，就是材料油炸 2 次的意思。帶骨雞肉或整尾魚進行
油炸的時候，第 1 次用低溫～中溫酥炸，取出放涼後，把油的溫度提高至
中溫～高溫，再次回鍋酥炸，內部完全熟透之後，就可以起鍋。

例　・把雞肉放進加熱至中溫（170℃）的油鍋裡，酥炸 3 ～ 4 分鐘。起鍋
之後，再次放進加熱至高溫（190℃）的油鍋裡酥炸。

・（南蠻漬用的竹莢魚）用低溫（160℃）的油炸 4 ～ 5 分鐘。油升溫
至中溫（180℃）後，進行二次油炸，趁熱沾裹浸漬醬。

[麵衣的作法]

　　「天婦羅麵衣」的一般作法是，在調
理碗裡，把雞蛋打散，然後混入冷水（冰
水）。加入麵粉（一邊過篩），用筷子或
打泡器，以切劃的方式粗略混合。這時
候，就算有些許粉末殘留也沒關係。如果
另外加入海苔、芝麻、堅果類或乾燥的巴
西里，就可製作出「創意麵衣」。

　　「油炸餡餅麵衣」則是①把麵粉（過
篩）放進調理碗，加入蛋黃、鹽巴、沙拉
油、水，用打泡器充分混合。材料變柔滑
之後，放置 30 分鐘。②把蛋白放進乾淨
的調理碗打發起泡，加入步驟①的材料，
用木鏟或橡膠刮刀，以切劃的方式混合，
避免消泡。

混合

在料理中，簡單的單純「混合」情況很多，
但依料理的不同，還是有輕拌混合，
或確實搓揉混合之類的差異。

粗略混合

所謂「**粗略**」、「**快速**」、「**切劃方式**」的混合是指，宛如用飯勺或刮刀的側面碰觸材料那樣，把材料往上撈起，在避免擠壓、攪拌的情況下進行混合。只要想像一下製作壽司飯時的米飯混合方式，應該就可以掌握到訣竅。

避免產生黏性的天婦羅麵衣也是採用這種混合方式，「**大概略翻攪3～4次**」、「**粗略**」混合後，製作出「**粉末殘留的狀態**」。

確實揉捏

漢堡排的餡料或餃子的內餡等，「**以揉捏方式**」，「**確實揉捏**」，「**使整體均勻**」，「**直到產生黏性為止**」。

拌

醋物、涼拌或沙拉的情況，合醋、拌料、沙拉醬等，要將材料和調味料加以「**混合**」，和主材料混合的時候，就用「**拌**」來表現。

溶解

麵粉、太白粉或芝麻醬等加水混合的動作，就用「**溶**」來表現。

製作甜點

甜點食譜和料理食譜的差異很大。
材料種類、份量、溫度、時間的撰寫必須更加嚴謹，
製作甜點時的特殊表現也有許多。
這裡將以家庭內自製的甜點作為介紹的重點。

材料

料理材料中提到的「麵粉」，通常都是指低筋麵粉，而撰寫甜點材料的時候，則必須正確寫出**低筋麵粉、中筋麵粉、高筋麵粉**。麵粉「過篩」的情況也很多，有時也會和發酵粉等材料一起「**過篩混合**」使用。

砂糖的種類也一樣，如果只有寫「砂糖」的話，通常都是指**白砂糖**，但甜點食譜則要具體寫出**三溫糖、細砂糖、糖粉、黑糖、紅糖、和三盆糖**（黑砂糖的一種）等使用的種類。

奶油幾乎都是使用不添加食鹽的種類。雖然也有人稱其為「無鹽奶油」，但作為奶油原料的生乳也含有鹽份，所以應正確標記成「**奶油（不添加食鹽）**」。希望讓奶油更容易揉捏成柔軟乳狀時，要事先從冰箱裡取出，「**在室溫下預先軟化**」。另外，「**隔水加熱**」成液狀的種類是「**溶解奶油**」，溶解分離的奶油的澄清部分，稱為「**無水奶油**」。奶油也可以用微波爐軟化或溶解，但必須注意避免加熱過久。

道具

有時就連使用的道具種類也會詳細指定。製作甜點時的調理碗，比起塑膠或玻璃製的種類，熱傳導較佳的不鏽鋼製，直徑 21 ～ 24 ㎝的較大種類會比較適用。

刮刀有硬的木鏟，和彈性且容易彎曲的橡膠刮刀。不過，現在似乎都是使用矽膠製的刮刀居多。

金屬製的模具或烤模要「**抹上一層奶油，撒上麵粉，拍掉多餘的麵粉**」，或是「**鋪上依模具大小剪裁的烤箱用烘焙紙**」，但如果是矽膠製或

鐵氟龍加工的模具，就不需要那樣的準備工作。

混合

混合方式也有各種不同的表現。除了把奶油「揉捏軟化」，加入砂糖「攪拌」之外，還有「以切劃方式粗略混合」、「以劃小圓方式攪拌混合」、「從底部往上翻攪」、「搓揉軟化」、「用手揉捏」、「用手捏成一團」、「混合至鬆散狀」等。

在混合中途，更換成打泡器或刮刀等道具時，不要忘了寫出來。另外，不能混合過度的情況也很多，所以仔細寫出顏色或狀態，例如「沒有麵團殘留的程度」、「完全沒有粉末的程度」、「不要揉捏過度」、「直到呈現柔滑狀」、「表面隱約變白為止」等。

打發

鮮奶油打發的時候，要在製作之前從冰箱內取出，「加入砂糖（細砂糖、糖粉）」，然後「讓調理碗的底部接觸冰水」，「一邊把空氣打進鮮奶油裡面」。鮮奶油變少變重，從打泡器上迅速滑落，表面的小角會馬上消失的狀態，稱為「六分發」。鮮奶油在打泡器中稍微停留後滴落，表面有隱約的角殘留的狀態，則是「七分發」。鮮奶油在打泡器中停留一段時間後，厚重滴落的狀態是「八分發」。鮮奶油不會從打泡器上面滴落，呈現直挺的「尖角」狀態就是「九分發」。如果再繼續打發的話，就會導致油水分離。

蛋白打發的時候，如果混入油脂，打發的狀態就會變差，所以「要使用清洗乾淨後晾乾的調理碗和打泡器」。蛋白「稍微打散後，慢慢打發」，呈現白色蓬鬆之後，「快速打發，讓裡面充滿空氣」。砂糖（細砂糖、糖粉）要分 2～3 次加入，所以要清楚地寫出在哪個時機加入。當蛋白不會從打泡器上滴落，呈現「尖角」就完成了。

海綿蛋糕的麵糊作法有，先單獨把蛋白打發，然後再和蛋黃混合在一起的「分蛋打

打發至呈現
尖角為止

發」，以及整顆雞蛋一起打發的「**全蛋打發**」。全蛋打發時，「**把雞蛋打散後，要隔著 60 ～ 70℃的熱水，一邊隔水加熱打發**」。

醒麵、發酵

讓一整坨的麵團放置一段時間，使麵團變軟的動作稱為「**醒麵**」或是「**發酵**」。麵團要用毛巾或塑膠袋包起來，或是放進冷藏室或冷凍庫，或者是直接放在室溫下，放置多少分鐘（多久），都要正確寫出來。

撲粉、手粉

為了避免麵團沾黏作業台、模具或手，要進行撲粉的動作。雖說顆粒較大且乾爽的高筋麵粉比較適合作為撲粉，不過，有時也會直接使用與麵團相同的麵粉，所以只要採用「撲粉（高筋麵粉）」、「手粉（低筋麵粉）」這樣的方式，一併記載麵粉的種類，就會更加清楚明瞭。

明膠、寒天

明膠片要「**在大量的水裡浸泡 10 分鐘，使其膨脹**」，「**把水瀝乾**」後才能使用。粉末狀的明膠要「**放進 4 ～ 5 倍量的水裡面，浸泡 15 ～ 30 分鐘，使其膨脹**」。通常都是把明膠「**溶入**」溫熱的溶液，「**放涼取出後**」，「**在冰箱裡冷卻凝固**」。顆粒狀的明膠可以直接使用，不需要泡水膨脹，可是，需要的份量比明膠粉更多。

棒狀的寒天條或細絲狀的寒天絲要「**在大量的水裡浸泡 15 ～ 30 分鐘，使其膨脹**」，「**充分擠掉水分**」，「**撕成細絲**」後，「**把寒天和水（寒天的 1.5 倍）放進鍋裡加熱溶解**」。粉末狀的寒天只需要放進溶液裡混合，就可以直接使用。

用烤箱烘烤

烤箱的預熱溫度和烘烤時間要清楚寫出（使用烤箱、烤麵包機的情況→ P.084）。也可以簡潔寫成「**把烤箱預熱至○℃，烘烤○分鐘**」、「**用○℃**

的烤箱烘烤〇分鐘」，可是，麵團準備好，就必須馬上進入烘烤階段的情況也很多，為了讓讀者可以預先做好預熱的動作，應該在作法裡的適當階段，或是預先處理項目中寫出「**把烤箱預熱至〇℃**」，這樣會更加清楚明瞭。

關於甜點食譜

甜點食譜經常碰到材料種類細分、作法也相當仔細的情況，所以校閱的時候必須更加繃緊神經。

就拿巧克力的製作來說！為了製作出口感柔滑且美麗的巧克力，溫度的控制相當重要。溶解巧克力的溫度調整，一旦搞錯溫度，不管是偏高或偏低，往往都會導致失敗，而且，因為巧克力的適合溫度也會因種類而有所差異，所以反覆持續閱讀之後，就很容易混亂。

近年來，專業糕點的食譜有增多的趨勢。糕點食譜和家庭用的甜點食譜，在性質上有些許差異，不是使用專業的材料或道具，就是以一次大量製作為前提。

某個知名糕點的蛋糕食譜，是由海綿蛋糕的麵團、派的麵團、慕斯蛋糕等麵團所層層堆疊而成，所以各種麵團的作法也相當複雜。蛋糕之間的鮮奶油有好幾種，裝飾的水果和巧克力也必須花費很多時間預先處理。當時，為了讓讀者可以更清楚瞭解製作的步驟，校閱的時候真的煞費了苦心。深深感受到「原來專業的糕點需要耗費如此龐大的工程」。

第 **3** 章

材料用語

針對料理所使用的材料，
說明材料的特色和預先處理的方法。
在此列舉經常出現的詞語和各種狀況，
亦可以直接使用於食譜。

牛肉

鮮嫩、份量十足的牛肉是極具存在感的材料。
其種類和部位的脂肪含量、軟嫩度和風味都有所不同，
靈活運用牛肉最原始的美味吧！

部位

肉質軟嫩的「肋脊部」、「腰脊部」、「里脊部」、「臀部」製作成牛排或烤牛肉。切成肉片的「肩部」或「肩胛部」用於壽喜燒或涮涮鍋。肥肉和瘦肉層疊的「腹脇部」則是用來製作烤肉、快炒、燉煮……依照各部位的特色靈活運用。

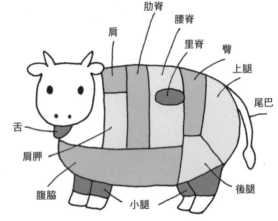

量販店可以看到「瘦肉」這樣的標示，不過那只是指脂肪較少的肉，並不是指部位的名稱。

加工切割後，無法修整成肉片或整塊肉的「肉角」，以及由各部位的肉角所組合而成的「碎肉」，是比較便宜且容易取得的種類，可使用於快炒、燉煮等各種料理。

絞肉有保留牛肉風味的「粗絞肉」、口感較軟嫩的「細絞肉」，口感各有不同。牛豬混合絞肉則有「牛 7 豬 3」、「牛 5 豬 5」等比例，可依個人喜好靈活運用。

內臟有「牛肝」、「牛心」、「瘤胃（第一個胃）」、「網胃（第二個胃）」、「重瓣胃（第三個胃）」、「小腸」等，統稱為「內臟」或「荷爾蒙」。

部位	脂肪			硬度			特色
	少	→	多	軟	→	硬	
肩	○	-	-	-	-	○	筋較多，但膠質較為豐富。
肩胛	-	○	-	-	○	-	筋略多，風味較佳。
肋脊	-	-	○	○	-	-	混雜適當油花，肌理細緻。
腰脊	-	-	○	○	-	-	柔嫩且醇厚的風味。
里脊	○	-	-	○	-	-	肌理細膩且柔嫩的最上方部位。又稱為牛腰肉。
腹脅（牛五花）	-	-	○	-	○	-	肌理略粗且鮮甜濃醇。又稱「三層肉」。
後腿	○	-	-	-	○	-	脂肪較少，肌理略粗。
上後腿	○	-	-	-	-	○	肌理略粗且硬。
臀	-	○	-	○	-	-	嫩度僅次於里脊。
小腿	○	-	-	-	-	○	筋較多，燉煮後會變軟。
牛筋	○	-	-	-	-	○	燉煮後會變軟。
牛舌	○	-	-	-	-	○	有清脆口感、濃醇鮮甜。
牛尾巴	-	-	○	○	-	-	具有膠質，燉煮後變軟。

預先處理

- -

　　牛排用、壽喜燒用、涮涮鍋用的牛肉買回家之後，通常都是直接使用，所以切法不用特別寫出來。

　　牛排用或肉塊等具有厚度的肉，為了避免受熱不均，開始烹調之前，要先從冰箱內取出「**恢復至室溫**」。為了切斷纖維，使肉質更加軟嫩，牛排用的肉要「**用肉槌或擀麵棍拍打**」，「**調整形狀，使肉恢復成原始大小**」。整塊的肉有時要先進行「**汆燙**」，或是「**用麻繩綑綁調整形狀**」之後，再進行烹調。

　　牛排用的肉要在準備開始烹調的時候，「**抹上鹽巴、胡椒（撒上鹽巴、胡椒）**」。如果撒上鹽巴之後，放置太久的時間，肉就會變硬，鮮甜的肉汁也會流失。

切肉塊的時候，要切成「○cm丁塊狀」或是「一口大小」。肉片切成「細條」或是「○cm寬」。筋較多的肉片只要「朝纖維方向呈直角切」，就可以烹調出更好的口感。

牛肝或牛心必須「去血水」（豬肝去血水→ P.101）。內臟必須「汆燙後用水清洗，仔細去除血水和多餘油脂」後再使用。

[**牛肉的種類**]

牛肉當中有許多「神戶牛」、「松阪牛」、「近江牛」等，隨附上產地名稱的品種牛。通常並不需要在食譜裡面寫出品種，但是，料理的味道會因牛的種類、產地而有所不同，所以有時仍會有需要拘泥於品種的情況。

所謂的「和牛」是日本當地的牛隻和外來品種交配而成的改良品種，有「黑毛和種」、「褐毛和種」、「無角和種」、「日本短角種」4種。相對於高級的和牛，

「日本國產牛」則是霍爾斯坦牛（Holstein）或娟珊牛（Jersey）等「乳牛」，或者是乳牛與和牛交配而成的「雜交牛（F1牛）」，指日本國內在固定期間內飼育的所有牛種。

「美牛（美國產牛肉）」、「澳牛（澳大利亞產牛肉）」等進口牛，和日本國產牛相比，具有脂肪較少的特色。

豬肉

富含大量的維生素 B₁，價格相對便宜的豬肉，
是可使用於各種料理的便利材料。
各不同部位可品嚐到的差異也和牛肉差不多。

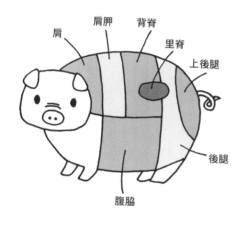

部位

　　肌理細緻且風味絕佳的「里脊」、「背脊」、「肩胛」、「後腿」，從炸豬排、豬排開始，可透過各種不同的料理享受豬肉本身的味道。肉質較硬的「肩部」可以用來燉煮。瘦肉和肥肉層疊的「腹脇」，用於燉煮或角煮。附著在肋骨上面的五花肉被稱為「豬肋排」，骨頭周邊的肉有著格外濃醇的鮮甜。

　　加工切割後，無法修整成片或整塊肉的「肉角」，以及由各部位的肉角所組合而成的「碎肉」，是比較便宜且容易取得的種類，可使用於快炒、燉煮等各種料理。

　　絞肉是肉角或小腿、腹脇、肩部、後腿等肉質堅硬的部分所切碎而成。牛豬混合絞肉則有「牛 7 豬 3」、「牛 5 豬 5」等比例，可依個人喜好靈活運用。

　　內臟有「豬肝」、「豬心」、「胃」、「小腸」等，統稱為「內臟」或「荷爾蒙」。彈牙口感的「耳朵」、膠質豐富的「豬腳」，是沖繩料理經常使用的材料。

預先處理

　　豬排用或肉塊等具有厚度的肉，為了避免受熱不均，開始烹調之前，

部位	脂肪			硬度			特色
	少 → 多			軟 → 硬			
肩	○	－	－	－	○	－	肌理略粗且硬。
肩胛	－	○	－	○	－	－	有網狀的油花，帶有甜味。
背脊	－	○	－	○	－	－	油花適中，肌理細膩。
里脊	○	－	－	○	－	－	肌理最細緻且肉質軟嫩的最佳部位。
腹脇	－	－	○	－	○	－	肌理略粗，鮮甜濃醇。又稱為「三層肉」。
後腿	○	－	－	○	－	－	幾乎是瘦肉，肌理細膩。
上後腿	○	－	－	－	－	○	肌理粗且筋較多。

要先從冰箱內取出「**恢復至室溫**」。豬排用或香煎用的肉，為防止煎煮時收縮，要在「**肥肉和瘦肉的交界處切出 4～5 道切痕**」，把筋切斷。為了切斷纖維，使肉質更加軟嫩，肉要「**用肉槌或擀麵棍拍打**」，「**調整形狀，使肉恢復成原始大小**」。整塊的肉有時要先進行「**汆燙**」，或是「**用麻繩綑綁調整形狀**」之後，再進

在肥肉和瘦肉的交界處切出刀痕

豬肉的種類

豬肉有改良品種、採用特殊飼料、採用特殊飼育方法等各種不同的品種，日本國內的品種數量多達 250 種以上之多。

以「黑豬」之名販售的是英國原產的盤克夏豬（Berkshire）。「三元豬」不是單一品種，而是指由 2～3 種品種混合，肉質和飼育方式經過改良的品種。另外，以嚴格標準飼育，預防罹患豬隻特有疾病的「SPF 豬」也是相當常見的品種。

在各大餐廳裡相當受歡迎的「伊比利豬」是，在青橡樹或栓皮櫟森林放養的西班牙原產黑豬，吃橡實長大。近年來，除了生火腿之外，也有進口冷凍的生肉。

行烹調。

　　豬排用、香煎用的肉要在準備開始烹調的時候，「**抹上鹽巴、胡椒（撒上鹽巴、胡椒）**」。如果撒上鹽巴之後，放置太久的時間，肉就會變硬，鮮甜的肉汁也會流失。

　　切肉塊的時候，要切成「**○cm丁塊狀**」或是「**一口大小**」。肉片切成「**細條**」或是「**○cm寬**」。

　　豬肝或豬心必須「**去血水**」（豬肝去血水→下方專欄）。內臟必須「**汆燙後用水清洗，仔細去除血水和多餘油脂**」後再使用。

輕輕拍打肉

用麻繩綑綁

豬肝去血水

　　肝臟含有鐵質和維生素等豐富的營養價值，為了去除肝臟特有的腥味，烹調之前必須採取「去血水」的動作。

　　首先，先購買新鮮的豬肝吧！豬肝切成適當大小後，浸泡冷水，水因為血而變混濁後，就更換新的水，直到水不再混濁為止，重覆 15 ～ 30 分鐘。在意腥味的時候，有時也可以浸泡鹽水或牛乳。可是，如果浸泡太久，豬肝的美味也會隨著腥味一起流失，所以適當浸泡就好。

雞肉

各部位的美味各不相同的雞肉，
是可以廣泛應用於料理的人氣材料。
只要去除脂肪，就會更清爽且低熱量。

部位

「雞胸」、「雞腿」全都很適合製作成各種料理，可依個人的喜好靈活運用。也可依料理的不同，使用「帶骨雞胸」或者是「帶骨雞腿」。帶骨雞腿肉在中央關節切開的前端部分稱為「棒棒腿」。帶骨雞肉大多都是切塊販售，燉煮之後，骨頭部分會釋出鮮甜滋味。「雞柳」位在胸骨的左右兩側，是味道特別清淡且沒有腥味的部位。翅膀分成「雞翅腿」、「雞中翅」、「雞小翅」，「鬱金香雞翅」所使用的部位是雞中翅。

內臟有「雞肝」、「雞心」、「雞胗（砂囊）」等。雞胸突起部分的「軟骨」用來製作成串烤或是炸物，可以享受到清脆的口感。

預先處理

若是有厚度的大塊肉，為了避免受熱不均，要在開始烹調之前，先從冰箱內取出「**恢復至室溫**」。雞胸肉或腿肉要「**去除多餘的脂肪（或皮）**」，降低食材的熱量。另外，還要「**用叉子等道具在雞皮上刺洞**」，雞腿肉則要「**斷筋**」，以預防收縮變形。雞柳有1條筋，只要先用菜刀的刀背「**取筋**」，就會比較容易食用。

切的時候，切成「**○cm大**」或「**一口大小**」，或者是「**削切**」。有時也會在加熱之後，把雞肉「**撕成絲**」使用。

雞中翅或雞小翅要「**汆燙**」或「**充分清洗後瀝乾**」，去除腥味。雞小

部位	脂肪			硬度			特色
	少	→	多	軟	→	硬	
雞胸	−	○	−	○	−	−	只要去除外皮，就可以減少脂肪，味道清淡。
雞腿	−	○	−	−	○	−	具彈力和濃郁味道。
雞柳	○	−	−	○	−	−	味道特別清淡。
雞翅腿	○	−	−	○	−	−	雞翅的根部。脂肪比雞小翅少。
雞中翅	−	○	−	○	−	−	切掉雞小翅的前端部分。
雞小翅	−	○	−	−	○	−	雞翅前端。肉較少，但膠質較多。
雞皮	−	−	○	○	−	−	脂肪多且軟嫩。

翅在某些料理中，要「**在關節處切開**」，有時則是利用小雞翅來增添湯頭的風味，或是「**沿著骨頭切出刀痕**」，使味道更容易滲入。

　　雞肝要在去除膽囊、多餘的油脂和筋之後，進行「**去血水**」的動作（豬肝去血水→ P.101）。如果是新鮮的雞肝，就算沒有去血水也沒有關係。

［　　　　　　　　　　雞肉的種類　　　　　　　　　　］

　　雞肉會因品種、飼育方式，而使口感和味道呈現極大的差異。

　　「地雞」以「比內地雞」、「純名古屋交趾雞」、「奧久慈軍雞」等各地的地雞最為聞名。日本國內早在明治時代之前，便以「地雞」這個名稱銷售當地的雞肉品種，另外，目前日本國內進口的外來品種大約有 50％以上，同時嚴格規定在雞隻成長 28 天後，採取平飼等飼育方法。

肉質較一般品種更具彈性且濃醇。

　　沒有沿用上述規定的「品牌雞」，不管是種類、飼料、飼育方法或產地等，都有各不相同的特色。

　　市售的雞肉大多都是「肉雞」。用籠子大量飼育，出生後約 8 星期就可以上市。肉質比較軟嫩、清淡。

肉加工品

種類豐富的肉類加工品是，使用方便，
可為料理增添獨特風味的便利材料。

培根、火腿、香腸

　　培根是把豬肉鹽漬起來，並長時間煙燻而成，腹脅、肩、肩胛等各個部位的味道都不相同。說到培根，通常都是指豬五花肉所製成的切片培根。如果使用的是其他部位或整塊的培根，就要清楚記載。豬五花肉的培根含有較多油脂，用小火煎、炒的時候，不需要用油。

　　火腿是把豬肉鹽漬、煙燻之後，再進行煮沸所製成。里脊火腿是用里脊肉製成，去骨火腿則是用腿肉製成。

　　香腸是將絞肉和香辛料加以混合，填塞進腸衣或人造腸衣所製成。肉和香辛料的種類、煙燻或烹煮的有無，都會使味道各不相同。大略分成直徑未滿 20 mm 的維也納香腸、直徑 20 ～ 36 mm 的法蘭克福腸（熱狗）、直徑 36 mm 以上的波隆那香腸。

［ 羔羊、羊肉 ］

　　日本的羊肉大多都是從澳大利亞、紐西蘭等國外進口。因為富含燃燒人體脂肪的肉鹼，而在近幾年開始受到矚目。

　　羊肉有出生未滿 1 年的羔羊，和成長 1 年以上的羊。羔羊沒腥味，肉質軟嫩，容易食用，比羊肉更能品嚐到濃醇的羊肉風味。

　　依部位的不同，烹調的方式也有不同，肌理細緻且軟嫩的「里脊部位」用來製作成吉思汗羊肉料理或羊排；略硬的「肩部」用來燉煮；油花較少且柔嫩的「腿部」則使用於串烤。帶骨的背部稱為「羊背（Rack）」，按 1 根根肋骨切割下來的則是「羊肋（Chops）」。

魚

日本四面環海，自古以來總是
透過各種不同的烹調方法品嚐各種不同的魚。
近年來，因為保存、運送技術的發達，進口的魚類品種變多了，
料理的選擇性也隨之增加了許多。

魚的種類和季節

　　魚可以大略分成**紅身魚和白身魚**。紅身魚指的是沙丁魚、秋刀魚、鯖魚、鰹魚、鮪魚等，生長在遠洋的魚，富含大量的色素蛋白質和脂肪，因為外皮的顏色，又被稱為**青（背）魚**。白身魚則是鯛魚、比目魚、鰈魚等棲息在近海的魚，以及鯉魚等淡水魚，肉質緊實，味道清淡。雖然鮭魚和鱒魚的肉也屬於紅身，但是，那是因為飼料色素所致，所以被分類為白身魚。

　　大家常說，新鮮的「當季」魚種比較美味。由於「當季」的產量會增加，價格也會變得比較便宜，因此自然也就更具魅力。可是，魚的種類或季節會因該年的出海狀況和地方而有不同，未必能夠明確界定。另外，有些魚種的名稱也會因地區性差異而有不同。使用當地魚種的食譜，最好預

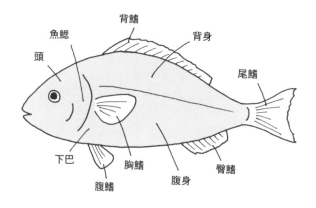

先確認一般常用的名稱。當介紹的
魚種不容易取得時，如果可以註明
替代用的魚種，就會令讀者感覺更
貼心。

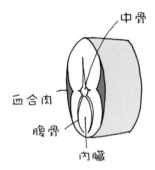

以什麼樣的狀態購入

　　鮮魚店可以看到「整尾魚」大量陳列。如果可以直接買回家自行處理，
自然是最佳的作法，但是，如果自己不擅長處理魚的話，只要依照料理需
求，請老闆幫忙「**取出內臟**」，處理成「**二片切**」或「**三片切**」就可以了。
二片切或三片切狀態的單一片稱為「半身」。

　　大型的魚會被解體，以生魚片用的「生魚片塊」，以及直接使用，大
小剛好的「魚塊」販售。

　　魚塊依魚的種類和大小，有各種形狀和部位。除了完全去除骨頭，切
成適當大小的種類之外，還有切成二片切之後，再切成適當寬度的種類，
以及去除內臟後，直接切塊（筒切；帶骨切）的種類。

　　鮪魚等也會以「切塊」的方式販售。切掉魚塊之後，餘下連接魚鰓
的部分就是所謂的「魚下巴」，中骨和其他的剩餘部分則統一視為「魚
骨」。

　　除此之外，把魚肉搗碎的「魚漿」，也有連同骨頭一起磨碎的種類。

處理魚

　　如果可以買到已經處理完成的魚，當然就會輕鬆許多，但如果可以自
己處理，就可以在更新鮮且美味的狀態下進行烹調。

　　整尾魚的解體方法一般分成，把魚分成帶中骨的下身和上身的「**二片
切**」，以及分成上身、中骨、下身的「**三片切**」。甚至，還有進一步把上
身和下身分切成背身和腹身的「**五片切**」。

　　三片切的時候，要先用水把魚清洗乾淨，用去魚鱗器或菜刀「**刮除魚
鱗**」。接著，從胸鰭切入，把頭的部分切下來，然後，菜刀從身體下方切

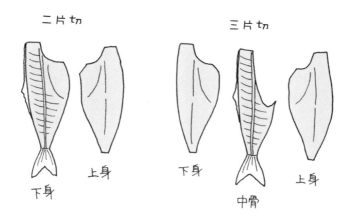

二片切

三片切

上身

下身

下身

中骨

上身

入，「**取出內臟**」，進行充分清洗後瀝乾的「**水洗**」動作。把腹側放在前側，菜刀沿著中骨切入，切開腹身，接著，把背側換到前側，切開中骨和背身。如果在這裡結束作業的話，二片切就完成了。如果進一步把帶有骨頭的魚身翻面，以同樣的方式切開中骨，這樣就成了三片切。製作生魚片的時候，要進行「**去皮**」的動作，並且用菜刀削掉腹骨部分，或是用拔魚刺夾拔除魚刺。

　　黑紅色的「**血合肉**」富含鐵質和維生素，但因為帶有特殊的腥味，所以也可以依料理或個人喜好加以去除。

　　直接進行烹調時，有時只需要「**用水清洗，去除魚鱗**」即可。竹莢魚有從尾巴朝頭部逐漸變硬的「**稜鱗（楯鱗）**」，所以首先要將其去除。另外，小魚也可以採用從嘴巴插入 2 支筷子，夾住內臟，以扭轉方式「**掏出內臟**」的方法。去除頭部和內臟後，連同中骨一起切塊的魚塊稱為「**筒切（帶骨切）**」。取出內臟後，如果菜刀從腹側切入，留下背部的皮，然後再去除中骨，就是「**腹開法**」。相反的，如果菜刀是從背側切入，就是「**背開法**」，身體較細長的魚會採用這類方式。小尾青甘鰺、身體柔軟的沙丁魚，有時也會採用完全不使用菜刀的「**手開法**」。

　　去除魚鱗或內臟之後，用水把魚清洗乾淨，擦掉水分，是相當重要的事情。可是，如果切成魚塊之後再清洗，就會導致鮮味流失，要多加注意。

魚的煎烤

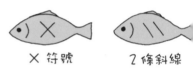

在魚皮上切出刀痕

X 符號　　2 條斜線

井字形

魚進行鹽燒時，只要在煎烤之前，「**撒鹽，靜置 10 ～ 30 分鐘**」，就可以連同水分一起去除腥味，使魚肉緊實。

身體較有厚度的魚，只要預先在中央部分「**用菜刀前端在魚皮上劃出 × 符號（1 條斜線、2 條斜線、井字形）的刀痕**」，受熱就會更均勻，魚皮也不容易破裂。

用烤網或烤架烘烤時，只要在烤網加熱後，先抹上一層沙拉油，再把魚放到烤網上，就不容易造成沾黏。開始烤的時候，「**先從裝盤時的那一面開始**」，若是魚塊的情況，就「**從魚皮的那一面開始**」。翻面的時候，暫時關火，待熱度消退之後，就可以從烤網上完美剝離。據說「**大火的遠火**」是使整體均勻烘烤的訣竅所在。

味噌漬或粕漬的魚容易燒焦，所以煎烤之前要先「**用廚房紙巾去除味噌或酒粕**」。除此之外，還有用鹹甜沾醬煎煮的「**照燒**」、抹上麵粉，用奶油煎煮的「**法式乾煎**」、用鋁箔包裹煎煮的「**鋁箔燒**」。

煮魚

和煎烤的時候一樣，身體較有厚度的魚，要預先在中央部分「**用菜刀前端在魚皮上劃出 × 符號（1 條斜線、2 條斜線、井字形）的刀痕**」，淺鍋裡的湯汁煮沸後，「**把裝盤時的那一面朝上**」，「**擺進鍋裡**」。為防止魚骨分離，在魚完全熟透之前，盡可能不要挪動。有時也會「**加上鍋中蓋**」。魚肉確實煮熟後，「**澆淋湯汁**」，讓味道確實入味。

腥味較重的魚，要在烹煮之前，快速放進大量的熱水裡，然後再浸泡一下冷水，採取讓表面受熱，然後去除髒污和黏液的「**霜降**」動作。這種動作又稱為「**汆燙**」。

生魚片

一般常見的生魚片採用「**平切法**」，通常都是讓帶皮的那一面朝上，魚

肉較厚的部分朝向對側擺放，菜刀在砧板上呈現垂直，從右側開始切。

肉質緊實的白身魚採用「削切法」。把魚肉較厚的部分朝向對側擺放在砧板上，從左側開始，以菜刀往右平躺的方式，以輕拉的方式削切。如果削切的程度薄如透明，就是「薄切法」。

切碎、微炙

「竹筴魚丁」是，把用菜刀把三片切的竹筴魚切碎成丁的料理。通常都是「在上面鋪放香味蔬菜（薑、蔥、蒜頭）或味噌，然後用菜刀切碎，一邊混合」。如果是小尾的竹筴魚，有時也會連同骨頭一起切碎。

另一方面，「炙燒鰹魚」則是在帶皮切片的鰹魚上面，「穿過竹籤，用大火炙燒表面，再用冰水使肉質緊實」的料理。

魚骨的預先處理

魚骨要透過預先處理去除髒污和黏液、腥味。用水把分切的魚骨確實洗乾淨，「撒鹽，放置 10 ～ 30 分鐘」。接著，放進大量的熱水裡，然後再浸泡冰水，經過只讓表面受熱的「霜降」動作後，再進一步用活水清洗掉髒污或魚鱗，就可以進行烹調。

[**魚的裝盤方式**]

全魚裝盤時，通常都是頭部朝左，腹部朝內。可是，鰈魚則是例外，就像「左比目魚，右鰈魚」這句話所說的，鰈魚的腹部朝內的時候，頭會朝向右側。魚塊裝盤的時候，要讓魚皮朝上，或是朝向外側。

烤魚有隨附蘿蔔泥或酢橘等配料的時候，要擺在內側右方。西式料理的配菜則是擺放在內側。

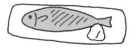
頭朝左，腹部朝內側

魚塊要讓魚皮朝上

魚貝類的節令

	1月	2月	3月	4月	5月
花蛤					
鮟鱇					
牡蠣					
鰹魚					
沙鮻					
紅金眼鯛					
黑鮪魚					
鮭魚					
鯖魚					
日本鰆					
秋刀魚					
日本魷					
白帶魚					
太平洋鯡					
比目魚					
青甘鰺					
日本竹筴魚					
斑點莎瑙魚					
鯛魚					
太平洋鱈					
無備平鮋					
扇貝					

6月	7月	8月	9月	10月	11月	12月

蝦子

特有的鮮甜和彈牙口感深受喜愛。
色香味俱全的烹調關鍵在於
細心、仔細的事前處理。

蝦子的種類

蝦的種類很多，不過，大部分的食譜都不會指定品種，這個時候，大多都是使用個人喜愛或是取得容易的品種。

身長 15 ～ 20 ㎝的日本對蝦是肉質鮮甜的高級品種。能夠以相同大小且低廉價格購買到的品種是，明蝦或草蝦。沙蝦的尺寸偏小，身長大約是 10 ～ 15 ㎝。

除此之外，還有生魚片常見的甜蝦、乾物中常見的櫻花蝦，體型大且價格昂貴的伊勢龍蝦。

預先處理

首先，「用竹籤等道具去除沙腸」。沙腸指的就是蝦子的腸子，沙腸帶有腥味，沙沙的口感會使美味扣分。有些料理需要「剝除蝦殼，並保留尾巴末節的殼」，然後「在背部切出淺刀痕，掏出沙腸」。冷凍的蝦子解凍之後，也要採取相同的事前處理。

去除沙腸

製作成炸物的時候，只要「切掉尾巴的前端，擠出裡面的水分」，就可以防止炸油噴濺。然後，如果「在腹側切出 3 ～ 4 道切痕，切斷筋」，就可以炸出漂亮的形狀。

「背開」的時候，就從背側切入菜刀，在腹側相連的狀態下敞開蝦身。

墨魚

各種富含變化的料理都可使用。
預先處理的作業似乎有些麻煩，
但只要掌握步驟和訣竅，就可以輕鬆應對。

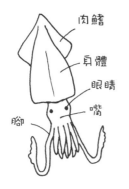

肉鰭
身體
眼睛
嘴
腳

墨魚的種類

　　漁獲量最高，同時也最普遍的品種是日本魷。除此之外，依地方和季節的不同，還有長槍烏賊、劍尖槍烏賊、軟絲仔等，不管是哪一種，都可以用來製作生魚片、燉煮、煎烤等各種不同的料理。

　　墨魚有著白且厚的石灰質甲殼，其特色就在於豐厚的肉質和彈牙的鮮甜口感。大多都會切成塊狀，以「墨魚捲」的形式販售。身長 5 ～ 7 ㎝的螢火魷的內臟也相當美味，所以可以整尾品嚐。

預先處理的切法

　　處理墨魚的時候，首先，要把手指放進身體裡面，拔下墨魚的腳，一邊注意不要弄破墨袋，一邊「**拔除腳和內臟，去除軟骨**」。把身體裡面清洗乾淨後，「**把手指伸進肉鰭和身體之間，連皮一起拉開**」，把手指插進皮的裂縫，「**剝除剩下的皮**」。把腳和內臟切開，眼睛和嘴巴也要一併去除。

　　製作成生魚片的時候，通常都是採用切成細條狀的「**細條切**」。煎煮、油炸的時候，除了把身體部分切成「**環切**」之外，有時也會採用切出斜格紋刀痕的「**鹿子切**」，或是讓菜刀平躺，深切出斜格紋刀痕的「**松笠切**」，增添視覺上的變化。

貝類

貝類含有大量的鐵質、鈣質和維生素等營養素。
如果是帶殼的話，建議購買活的，
在新鮮的狀態下進行烹調吧！

貝類的種類

貝類的販售狀態有「**去殼**」和「**帶殼**」兩種。通常，花蛤、文蛤、蜆、貽貝、角蠑螺、鮑魚等貝類，多半都是帶殼販售，牡蠣則是以去殼方式販售居多。去殼和帶殼有重量上的差異，所以編寫食譜時要一併記載，例如「牡蠣（帶殼）」。包裝的去殼牡蠣有「生食用」、「加熱用」的區分；扇貝則有「貝柱」、「生食用」、「水煮」、「帶殼」等區分。未成熟的小扇貝如果是帶殼的話，是以「帆立稚貝」的名稱販售；如果是去殼的水煮種類，則是採用「帆立幼貝」的名稱販售。

預先處理

● 花蛤、文蛤、蜆

花蛤、文蛤等在大海裡捕撈的雙殼貝類，要在冷暗處（冰涼且陰暗的場所）「**浸泡海水程度的鹽水吐沙**」。鹽水濃度大約是 1 公升的水比 30g 的鹽巴，用幾乎冒頭程度的水量浸泡 2～3 小時。儘管市面上的雙殼貝類都是在吐沙狀態下進行販售，不過，買回家後如果再做一次吐沙動作，就會更加安心。吐沙完成之後，「**以殼和殼相互搓洗的方式，確實清洗乾淨**」。烤文蛤的時候，只要「**切斷**」連接 2 片貝殼的「**韌帶**」，文蛤的殼就不會彈開，湯汁就不會溢出。

蜆棲息在海水和淡水混合的半海水域，

花蛤、文蛤等雙殼貝類
浸泡海水程度的鹽水

吐沙

所以要「在鹽水裡面浸泡一晚吐沙」。

● 牡蠣

　　去殼的牡蠣「用海水程度的鹽水搓洗」，或「抹上蘿蔔泥（太白粉），洗掉髒汙」，去除黏液和腥味，用水清洗乾淨。帶殼的牡蠣「從外殼上剝下，用海水程度的鹽水搓洗」。

● 扇貝

　　帶殼的扇貝「用刀子撈取貝柱，刮下肉體，並去除內臟（黑色部分）和鰓」，分別使用貝柱、生殖巢（卵或白子）和裙邊。

　　「貝柱」、「生食用」、「水煮」等，可直接食用，也可應用於烹調。

● 角蠑螺

　　直接烹煮，或是烘烤時，只要「清洗乾淨」就 OK 了。

　　挖出螺肉使用時，「把刀子插進口蓋周圍，卸下貝柱」、「一邊旋轉外殼（殼蓋），取出螺肉和內臟」，「切除殼蓋、口、裙邊、內臟」。位在內臟前端的肝臟可以食用。

● 鮑魚

　　帶殼的鮑魚「撒上大量的鹽巴，放置 2～3 分鐘，用鬃刷搓洗乾淨」，去除黏液和髒汙。「把刀子插進殼較薄的部位，取出鮑魚肉」，「切除內臟、口、裙褶」。

魚貝類加工品

容易腐敗的魚貝類，自古就在保存方法上多有巧思。
在貯藏方法特別發達的現代，與其說加工品是為了保存，
不如說是為了使海鮮更加美味且方便使用。
這些加工品有些必須採取把乾物泡軟的動作，
有些則必須把鹽漬的鹽味去除。

乾物

　　煎烤魚類乾物時，由於水分比生魚少，所以要注意火候，以免焦黑。乾物不要清洗，在煎烤之前「淋上少許的酒」，是烤出芳香的訣竅。

　　用鹽水烹煮的沙丁魚幼魚就是釜揚魩仔魚。把釜揚魩仔魚烘乾的魩仔魚乾或小魚乾，大多都是直接使用，不過，「汆燙脫鹽」之後，就可以去除鹽味，同時變得更軟嫩。

　　太平洋鱈晒乾而成的棒鱈，要「泡水5～7天，並在浸泡中途換水，使魚肉變軟」。泡軟之後，切除多餘的魚鰭或薄皮，分切成魚塊後，「和大量的水一起放進鍋裡煮沸，撈除浮渣」後，就可應用於烹調。

　　太平洋鯡晒乾而成的鯡魚乾富含大量脂肪，「用洗米水浸泡一晚」，泡軟後，製作成燉煮料理等。

　　蝦米「用溫熱的水浸泡20分鐘」；扇貝的乾貝柱「用熱水浸泡一晚」就可用於烹調。這兩種乾物都會釋出美味的湯汁，所以也可以加以應用。

魚卵

　　由黃線狹鱈的卵巢鹽漬而成的魚卵是鱈魚子；而鱈魚子添加辣椒或調味料製成的魚卵則稱為（辣）明太子。除了直接食用之外，也經常被當成料理的材料。兩種魚卵都是兩條呈對販售，所以兩條為「一副」。注意不要搞錯份量的標記方式。只使用內部的魚卵時，「用湯匙刮出」即可。用鮭魚或鱒魚的卵巢鹽漬而成的魚卵稱為筋子；而將筋子拆散成一顆顆之後的魚卵就是鮭魚子。

　　鹽漬的鯡魚卵必須「脫鹽」。放進淡鹽水（1ℓ的水比1小匙的鹽巴）

裡面，在中途更換 2 ～ 3 次鹽水，浸泡 12 ～ 16 小時。如果脫鹽過度，就會產生苦味，所以要多加注意。適當脫鹽之後，「**去掉薄皮**」後進行調味。

魚漿製品

- -

　　魚板、竹輪、鱈魚豆腐、魚肉香腸都是魚漿加上澱粉或蛋白、調味料等材料揉合，經過蒸煮或烘烤所製成。另外，還有用沙丁魚或竹筴魚等的魚漿搓成圓球狀，烹煮而成的魚丸等製品。幾乎都是切過之後就可以直接食用，或是用於烹調。

　　薩摩炸魚餅依料理的不同，有時是用熱水短時間烹煮，有時則是用澆淋熱水的方式「**脫油**」，去除多餘的油脂和氧化的油。

罐頭

- -

　　罐頭有各種不同的尺寸，在材料表中都是採用「1 罐（70g）」的方式併記重量。

　　鮪魚罐頭的原料是長鰭鮪魚或黃鰭鮪魚，再加上部分鰹魚。有「油漬」、「少油」、「水煮」、「調味」等各種不同的種類，內容量通常是 1 小罐 70g、1 大罐 140g。

　　沙丁魚除了製成油漬的「油漬沙丁魚」之外，還有「醬油漬」、「蒲燒」、「味噌煮」等各種經過調味的種類。在義大利料理上經常使用的鯷魚是，把日本鯷魚鹽漬發酵，再浸漬於橄欖油的種類。除此之外，還有三片切狀態的「鯷魚魚片」、捲著酸豆等的「鯷魚卷」、磨成泥的「鯷魚醬」等製品。

　　此外，鮭魚或鯖魚、秋刀魚的水煮或調味罐頭，連骨頭都可以食用，所以對於補充鈣質來說，也相當方便。

蔬菜

依季節的不同，餐桌上總是有各種不同的蔬菜。
透過符合各種蔬菜的預先處理或烹調，
享受鮮豔蔬菜的各種豐富美味。

蔬菜的種類和季節

　　蔬菜分類成顏色較深的**綠黃色蔬菜**和顏色較淡的**淡色蔬菜**。綠黃色蔬菜富含胡蘿蔔素、維生素。淡色蔬菜有很多種類可以生吃，所以不會破壞到容易因熱受損的維生素 C。

　　蔬菜可以依照吃的部位，分成高麗菜、萵苣、白菜、菠菜等**葉菜類**；蘆筍、蔥、竹筍等**莖菜類**；蘿蔔、胡蘿蔔、牛蒡、蕪菁等**根菜類**；番茄、小黃瓜、茄子、彩椒、豆類等**果菜類**；青花菜、花椰菜、油菜等**花菜類**。

　　當季的蔬菜營養價值高，味道也比較濃郁且美味。另外，還有各個地方所栽培的蔬菜、新品種的蔬菜等各式各樣的種類。編寫食譜的時候，就以各種蔬菜的特色為基礎，撰寫預先處理的方式與烹調方法吧！

蔬菜的重量標準

　　每一個蔬菜的大小或重量都不相同。即便同樣都是馬鈴薯、胡蘿蔔，烹調後的味道仍會因份量的差異而改變。

　　材料表的份量大多都是以個數或支數表現，若要正確標記份量的時候，就要清楚標示重量「〇g」，若是扣除外皮或種籽、芯等廢棄部分的重量，就寫成「淨重〇g」。

　　材料表只有寫「馬鈴薯　1顆」、「菠菜　1把」，沒有清楚寫出大小或重量的時候，通常都是指中尺寸左右的大小，或是一般市售的份量。以下是重量的標準。

蕪菁	1 顆——80 g	番茄	1 顆——150 g
花椰菜	1 顆——500 g	蔥	1 支——100 g
高麗菜	1 片——100 g	茄子	1 支——70 g
	1 顆——1200 g	菜花	1 把——250 g
小黃瓜	1 條——150 g	韭菜	1 把——100 g
苦瓜	1 條——200 g	胡蘿蔔	1 根——200 g
牛蒡	1 根——200 g	白菜	1 片——80 g
日本油菜	1 把——300 g		1 把——1000 g
	1 包——200 g	甜椒	1 個——80 g
番薯	1 條——300 g	彩椒	1 個——40 g
芋頭	1 個——60 g	青花菜	1 棵——200 g
四季豆	1 袋——150 g	菠菜	1 把——300 g
生菜	1 顆——100 g		1 袋——200 g
馬鈴薯	1 顆——130 g	水菜	1 把——500 g
新馬鈴薯	1 顆——50 g		1 袋——200 g
茼蒿	1 把——200 g	鴨兒芹	1 把——250 g
櫛瓜	1 根——250 g	芽甘藍	1 個——15 g
芹菜	1 根——100 g	黃麻	1 袋——100 g
蘿蔔	1 根——800 g	萵苣	1 個——250 g
洋蔥	1 顆——200 g	蓮藕	1 節——250 g
青江菜	1 株——100 g		

蔬菜的預先處理

蔬菜的外皮、根、種籽、莖、芯等部位該怎麼處理？如果針對所有的蔬菜寫出「清洗後去皮……」，會使說明變得過長，反而會更不容易閱讀。針對各不相同的蔬菜，寫出適當的預先處理方法吧！

就像沙拉所使用的蔬菜一樣，只針對使用的蔬菜寫出「**清洗後瀝乾**」，「**去除芯（蒂頭、軸、根部）**」，同時列出必須注意的部分。

● 蘿蔔、胡蘿蔔、洋蔥

通常都是去皮，切除頭部和尾部之後，進行烹調，就算不寫出來也OK。

● 馬鈴薯

通常都是「**去皮，去除外皮的綠色部分**」再使用，所以有時並不會特別寫出來。「**帶皮水煮**」、「**帶皮包覆保鮮膜，用微波爐加熱**」的情況，或是把新馬鈴薯「**帶皮下鍋炒**」等，如果是直接帶皮使用的情況，就要特別註明。

● 番薯

有去皮使用，和帶皮直接使用的情況，所以不管是何種情況都要寫。有時也會「**泡水去除澀味**」。

● 芋頭

通常都是去皮使用，不過，經常看到從削皮方式開始編寫的情況，例如「**切除頭尾（兩端），朝縱向削皮**」。甚至是，「**搓鹽後，用水洗掉黏液**」、「**水煮後，用水洗掉黏液**」等預先處理的方式，也要清楚載明。

● 山藥

寫出預防變色的方法，「**去皮，浸泡醋水去除澀味，洗掉黏液**」。

● 牛蒡

牛蒡的風味就在外皮的底下，所以大部分都是「**用鬃刷清洗**」，或是「**用菜刀的刀背刮掉外皮**」。切開之後，只要寫到「**浸泡冷水或醋水，去除澀味**」的步驟就行了。

● 小黃瓜

切之前，只要「**撒鹽，在砧板上搓揉**」，除掉外皮上面的疣，就可以更添口感，色彩也會更加鮮豔。有時也會「**在外皮削出條紋**」後再使用。

- 南瓜

「**縱切成對半，去除瓜瓢和種籽**」。因南瓜不容易煮爛，味道容易滲入，所以製作成燉煮料理時，有時也需「**削掉部分外皮**」。

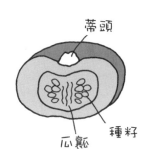

蒂頭
瓜瓢
種籽

- 彩椒、甜椒

通常都是「**縱切成對半，去除蒂頭和種籽**」後再切。紅彩椒是完熟變紅的彩椒，和紅甜椒是完全不同的種類。

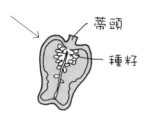

蒂頭
種籽

- 苦瓜

「**縱切成對半，去除瓜瓢和種籽**」後再切。為了減少苦味，有時也會「**撒上些許鹽巴搓揉**」，或是「**快速烹煮**」。

- 番茄

大多都是不剝皮，只「**去除蒂頭**」使用，而去皮使用時，就要進行「**汆燙**」。在蒂頭的反方向，用菜刀切出十字形的刀痕，浸泡熱水，外皮脫落，浸泡冷水之後，就可以簡單剝除外皮。

- 茄子

茄子有澀味，所以「**去除蒂頭**」之後，要「**泡水**」。製作烤茄子的時候，就先「**用竹籤在各處刺穿幾個洞**」，「**把外皮烤至焦黑**」，「**放涼後，剝除外皮**」。

- 綠蘆筍

「**切掉根部的堅硬部分**」，或是「**把根部堅硬部分的外皮剝掉**」。有時也會為了讓口感更好，而進行「**去除葉鞘**」的動作。

- 四季豆、莢豌豆、扁豆

豆類要「**去除豆莢兩側的筋**」。可是，近年來，沒有筋的豆類也很多，所以有時並不會寫出來。

● 香菇、鴻喜菇、金針菇

清洗後，風味會變差，所以有在意的髒汙時，用濕布擦拭即可。菇類都是「**切除蒂頭**」後使用。香菇梗有時也會「**朝縱向撕開**」使用。

● 滑菇

滑菇「**稍微烹煮**」，或是「**放進網，澆淋熱水或水**」，就可以去除黏使口感更好。

菇傘　　蒂頭
菇梗　蒂頭　　根部

搓鹽

小黃瓜或蘿蔔放進沙拉或醋物裡面時，或是切好之後，有時會採取「**搓鹽**」的動作。只要「**撒鹽，待材料變軟後輕搓，擠掉水分**」，多餘的水分就會排出，變得柔軟。

過水、浸水

有澀味的蔬菜會在切好之後「**過水**」。萵苣或高麗菜製作成沙拉時，為了享受清脆的口感，會採取「**浸水**」的動作。不管是過水，還是浸水，只要「**放進濾網瀝乾**」或是「**用廚房紙巾擦乾**」，確實「**去除水分**」，就可以預防料理變得水水的。

蔬菜的切法

蔬菜依不同的形狀、大小或烹調方法，
而有各種不同的切法。
了解一般的切法名稱，靈活運用吧！

切法的名稱

● 圓片切

從邊緣開始切，把切口呈圓形的材料切成片的切法。指定厚度時，就寫成「切成○cm厚的片狀」或是「從邊緣切成○cm厚」。

> **例** 蘿蔔、胡蘿蔔、馬鈴薯、
> 番薯、芋頭、蓮藕、牛蒡、
> 洋蔥、番茄、茄子、小黃瓜

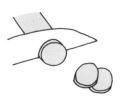

● 半月切

從邊緣開始切，把切口呈圓形的材料切成片，然後再縱切成對半，使圓形片狀形成半月形的切法。就是把圓片切的材料切成對半。

> **例** 蘿蔔、胡蘿蔔、牛蒡、蓮藕、蕪菁

● 銀杏切

從邊緣開始，把材料分切成 4 等分，或是進一步把圓片切的材料分切成 4 等分的切法。因為外形和銀杏葉類似，而有此名稱。

> **例** 蘿蔔、胡蘿蔔、牛蒡、蓮藕

● **滾刀切**

　一邊讓材料旋轉 90 度，一邊斜切的切法。形狀雖然不規則，但大小大致相同。

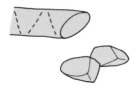

| 例 | 蘿蔔、胡蘿蔔、小黃瓜、
牛蒡、蓮藕 |

● **梳形切**

　以放射狀的形式，把球形材料縱切成 4 等分、6 等分或 8 等分的切法。**「切成○等分的梳形切」** 也可以用這樣的方式來表示大小的標準。因為形狀和日本古代的裝飾髮梳類似，而有此名稱。

| 例 | 洋蔥、蕪菁、南瓜、
番茄、檸檬、蘋果 |

● **小口切**

　從邊緣開始，把細長的材料薄切成 5 mm 寬的切法。這是指切口較小的情況，其實切法和「圓片切」相同。

| 例 | 蔥、秋葵、辣椒 |

● **斜切**

　斜切細長材料的切法。菜刀入刀的角度越斜，切口就會越大。指定厚度時，就寫成 **「斜切成○cm厚」**。

| 例 | 小黃瓜、牛蒡、蔥、茄子、綠蘆筍 |

● **薄切**

　把材料切成 1 ～ 2 mm厚的切法。

| 例 | 蘿蔔、蕪菁、茄子 |

● 切條

　　從邊緣開始，把切成薄切或斜切的材料切成細長條的切法。長度通常是 4 ～ 5 ㎝，若有指定的時候，就寫成「**切成長度○cm的條狀**」。

例　蘿蔔、胡蘿蔔、牛蒡、彩椒

● 切絲

　　比切條更細的切法。蔥的切絲最常見的就是「**白髮蔥**」。通常是 1 ～ 2 ㎜寬、4 ～ 5 ㎝長。

例　蘿蔔、胡蘿蔔、高麗菜、
　　小黃瓜、馬鈴薯、薯蕷、蔥

● 響板切

　　把材料切成細長棒狀的切法。通常都是 1 ㎝寬、5 ～ 6 ㎝長。指定長度時，就寫成「**切成長度○cm的響板切**」。

例　蘿蔔、胡蘿蔔、馬鈴薯

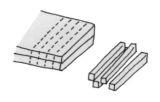

● 便籤切

　　把材料切成薄長方形的切法。通常是 1 ㎝寬、2 ～ 3 ㎜厚、5 ～ 6 ㎝長。

例　蘿蔔、胡蘿蔔、牛蒡

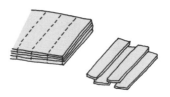

● 角切

　　把材料切成立體的切法。若是指定大小的情況，就寫成「**切成○cm的塊狀**」或是「**切成○cm塊狀**」。還有切成較小尺寸的「**骰子切**」（1 ㎝左右的立方體）、「**丁塊狀**」（6 ㎜左右的立方體）。

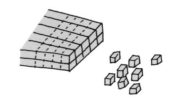

例 蘿蔔、胡蘿蔔、小黃瓜、
馬鈴薯、番薯、番茄

● 切末

把材料切成碎末的切法。細末的小大標準是 2 ～ 3 mm，比細末略粗的
稱為「**切碎**」、「**切碎末**」。

例 洋蔥、蔥、薑、
蒜頭、洋香菜

● 削切

以斜削方式切材料的切法。

例 白菜梗、香菇

● 削片

宛如薄削材料表面，薄削材料的切法。最近多半都是使用刨刀。

例 牛蒡、胡蘿蔔

● 切段

粗略切成 3 ～ 5 cm大小的大塊或段。

例 白菜、高麗菜、菠菜

● 分切成小朵

小朵聚集而成的材料，切掉莖、梗或蒂頭之後，分切成適度的大小。

例 青花菜、花椰菜、鴻喜菇、舞菇

交由讀者判斷的寫法

　　「切成一口大小」、「切成容易食用的大小」、「切成等分」等，沒有嚴格指定尺寸的情況，或是不容易指定尺寸時，就會採用這種便利的寫法。「一口大小」通常是指單邊 2 ～ 3 ㎝的大小。

雕花

　　只要用「**切模**」把蔬菜切成花或銀杏等形狀，就可以使料理更佳華麗。小黃瓜的蛇腹切是，「**在不切斷的情況下，斜切出細密的刀痕，翻面後，切出相同的刀痕**」。菊花蕪菁是「**在留下些許蕪菁底部的情況下，朝縱向薄切蕪菁**」接著，「**朝橫向薄切**」。花蓮藕則是「**在孔與孔之間切出缺口，再沿著孔削去外皮**」。除此之外，還有很多不同的蔬菜雕花，試著把切法寫得更淺顯易懂吧！

[　　　　　　　　　　　「沿著」纖維切、與纖維「呈直角」切　　　　　　　　　　　]

　　有纖維的蔬菜會因切的方向而產生不同的口感。纖維會朝蔬菜的生長方向延伸，只要這樣判斷就可以了。響板切或切絲等切法，可以對纖維採取 2 種切法。重視口感的料理，就清楚寫出該對著纖維怎麼切吧！

　　「沿著纖維切」可以烹調出清脆口感。烹煮時，比較硬，不容易軟爛。
如果「與纖維呈直角切」，蔬菜會變得比較軟，同時容易出水，烹煮時比較容易軟爛。也可以寫成「切斷纖維」。

蔬菜的節令

	1月	2月	3月	4月	5月
綠蘆筍					
秋葵					
南瓜					
高麗菜					
小黃瓜					
日本油菜					
苦瓜					
番薯					
芋頭					
馬鈴薯					
蘿蔔					
洋蔥					
青江菜					
番茄					
茄子					
菜花					
胡蘿蔔					
蔥					
白菜					
彩椒					
青花菜					
菠菜					

6月	7月	8月	9月	10月	11月	12月

雞蛋

雞蛋含有豐富的蛋白質和維他命等營養素，
可以製作各種不同的烹調，是相當方便且受歡迎的料理。
加熱凝固、把蛋白打發、用蛋黃讓脂肪乳化，
利用各種特色，運用在料理上吧！

雞蛋的種類

　　雞蛋依重量，分成各種不同尺寸販售，而料理所使用的雞蛋通常是M、MS、S。如果料理有特別指定的話，就在材料表寫上尺寸吧！

　　雞蛋的構成可分為「**蛋白**」和「**蛋黃**」。 生雞蛋打破時，蛋白裡面的白色繩狀物是「**繫帶**」，如果不喜歡的話，可以加以去除。

　　在材料表中，蛋白和蛋黃各別使用時，就寫成「蛋白　1顆份」、「蛋黃　2顆份」；準備蛋液或水煮蛋時，則寫成「蛋液　1/2顆份」、「水煮蛋的蛋黃　1顆份」等，後面要加上「份」以強調顆數。另外，作為甜點材料使用時，有時也需要用公克數來嚴格標示重量。

　　除了雞蛋之外，還有讓鵪鶉蛋、烏骨雞蛋，或是鴨蛋發酵、熟成的皮蛋等種類。

雞蛋的尺寸

規格	1顆的重量	標籤顏色
LL	70～76g	紅
L	64～70g	橙
M	58～64g	綠
MS	52～58g	藍
S	46～52g	紫
SS	40～46g	褐

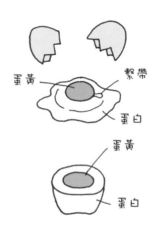

打蛋液

「蛋液」是「蛋白和蛋黃打散」而成的液狀雞蛋。雞蛋打破後,「以切劃蛋白的方式」攪拌,「避免蛋液起泡」。如果混合過度,雞蛋就會失去彈性,要多加注意。如果要使蛋液更加柔滑,就要使用「打蛋器」。

雞蛋烹調

製作「水煮蛋」的時候,「讓雞蛋恢復室溫」,就可以防止雞蛋因為水的溫度差異而產生破裂。然後,「把雞蛋和淹過雞蛋的水量放進鍋裡加熱」,沸騰之後,「用筷子滾動雞蛋」,讓蛋黃來到中央的位子。烹煮3～5分鐘後,蛋黃會呈現濃稠流動的半熟狀態,烹煮8～10分鐘後,蛋黃會呈現略為凝固的半熟狀態,如果烹煮12分鐘的話,蛋黃就會完全凝固。因為烹煮的結果截然不同,所以別忘了寫清楚「煮沸後,烹煮〇分鐘」。煮好之後,只要馬上「放進冷水冷卻」,就可以防止雞蛋因為餘熱而過熟,蛋殼也會比較容易剝。

「溫泉蛋」的作法有很多種,通常都是「在70℃的熱水裡浸泡30分鐘左右」。

製作「炒蛋」的時候,加熱後,「只要用4～5根筷子,快速攪拌混合」,就可以烹調出均勻受熱的鬆軟炒蛋。

製作「茶碗蒸」的時候,要把調味料和「冷卻的高湯」混進蛋液裡面。火候如果太強,就會出現破洞,口感也會變差。「剛開始的1～2分鐘用大火,之後用小火蒸煮〇分鐘」,就可以預防這種狀況。

黃豆加工品

黃豆含有豐富的優質蛋白質和營養成分，
為了更容易消化，而被製作成各種不同的加工品。
特別是不管是直接吃或煮或煎都相當美味的豆腐，
更是每天經常出現在餐桌上的材料。

豆腐

豆腐有「木綿豆腐」、「嫩豆腐」、「充填豆腐」、「朧豆腐」、「煎豆腐」等種類。材料表上如果只有寫「豆腐」，只要依個人喜好，選擇木綿豆腐或嫩豆腐就可以了，但有些料理則要指定種類。

豆腐1塊（1包）的大小，會因地方或豆腐店、製造商而有不同。過去，1塊豆腐都是以300～350g為標準，而近年來市面上出現許多專賣給小家庭的小尺寸類型，所以使用一般尺寸以外的種類時，最好一併記載重量。

豆腐的90％是水分。有些料理需要將豆腐「瀝水」，防止料理變得水水的，或是使味道變淡。「用廚房紙巾（布巾）包裹，放上壓板，並放置在傾斜的砧板上面」、「用微波爐加熱1分鐘，並用廚房紙巾（布巾）包裹，放上壓板」、「包上毛巾擠乾」等，都是把豆腐的水瀝乾的方法。也有「讓重量減少成最初重量的80％」這樣的寫法。

豆腐相當柔軟，所以也有不放置於砧板，「放在手掌上輕切」的方式。所謂的「奴切」指的是把豆腐切成3～4㎝的塊狀。除此之外，還有「切成○等分」、「切成○㎝厚」、「切成骰子狀」、「用手撕成一口大小」等方法。製成炒豆腐或拌豆腐時，要把瀝乾水的豆腐「搯碎」後再使用。

豆腐如果長時間烹煮太久，或用微波爐加熱過久，豆腐就會呈現佈滿破洞的蜂巢狀態，必須多加注意。

豆腐瀝水

用毛巾包裹，放在盤子等容器裡，加上壓板，放在傾斜的砧板上面

在製作豆腐的工程中，豆漿擠出後所殘留的東西稱為「**豆腐渣**」。又稱為「**卯花**」或「**豆渣**」。在進行快炒或烹煮等烹調之前，只要先用水清洗，並用毛巾擰乾「**濾水**」，豆腐渣就會變得更細膩。

油豆腐、日式豆皮、蔬菜豆腐丸

用油酥炸豆腐的「油豆腐」、把切薄的豆腐二次酥炸的「日式豆皮」、在搗碎的豆腐裡面混入蔬菜或羊栖菜等配菜，搓成圓形後酥炸的「蔬菜豆腐丸」，因為含有油脂，所以口感較為濃郁。為了去除多餘的油脂和氧化的油，要用熱水汆燙，或是放進濾網，澆淋熱水「**脫油**」後再使用。

豆漿

黃豆烹煮後壓榨，過濾掉豆渣之後的液體就是豆漿。「豆漿」的黃豆成分含量為 8％以上，6％以上則是「調製豆漿」。除此之外，還有加入果汁或咖啡等飲品，使豆漿更加美味的「豆漿飲料」。

納豆

用納豆菌讓蒸煮的黃豆發酵而成的納豆，有一般的「拉絲納豆」、使用較小黃豆的「小粒納豆」、使用切碎黃豆的「碎納豆」等種類。在材料表中是以「1 包」這樣的單位標記，通常是指 45 ～ 50g 的種類。小包裝通常是寫「1 小包」或是寫重量。

擁有悠久歷史的納豆是，用麴菌發酵熟成並加以乾燥的「寺納豆（鹽辛納豆、鹽納豆）」。和中國的調味料「豆豉」類似，也可以替代使用。

牛乳、乳製品

富含蛋白質、鈣質的牛乳和乳製品是
建議積極用來入菜的材料之一。
可以增添料理的濃郁與香醇。

牛奶

　　普遍視為「牛乳」使用的是，把乳牛身上擠出的生乳加以殺菌而成的
種類。除此之外，還有調整乳脂肪成分與水分而製成的「成分調整牛乳」、
以生乳或脫脂奶粉、奶油等作為原料，並調整乳脂肪成分的「加工乳品」、
添加咖啡或果汁、鈣質或維生素等營養成分的「乳飲品」。甚至，成分調
整牛乳還進一步分成乳脂肪含量 0.5 以上，未滿 1.5 的「低脂肪牛乳」，
以及乳脂肪含量未滿 0.5 的「無脂肪牛乳」。

　　乳脂肪含量的比例會改變料理的味道或結果，所以
如果有特別需求的種類，最好清楚載明。

鮮奶油

　　把生乳或牛乳中的非乳脂肪成分排除之後，就會成為所謂的**鮮奶油**。
鮮奶油的乳脂肪含量超出 18 % 以上，在乳製品類別中被標示為「鮮奶油
（乳製品）」。在植物性脂肪裡面加入脫脂乳，進一步乳化而成的「植物
性脂肪鮮奶油」、乳脂肪鮮奶油和植物性脂肪鮮奶油混合而成的「混合鮮
奶油」，在乳製品類別中被標示為「以乳或乳製品為主要原料的食品」。
雖然乳脂肪鮮奶油比較濃郁，風味較為香醇，但植物性脂肪鮮奶油則比較
穩定且容易使用，價格也相對低廉。不管是哪一種都是以 1 盒 200ml 為
主流。「打發鮮奶油（Whipping Cream）」是鮮奶油加上細砂糖後，進一
步打發製成的鮮奶油。

　　用乳酸菌讓鮮奶油發酵的**酸奶油**，有著溫和的酸味特徵。

起司

起司在世界各地中有許多不同的種類，據說其種類數量多達 1000 以上。依牛乳種類或發酵、熟成方式、生產地等的不同，而有著各不相同的香氣與味道。

天然起司有許多不同的品牌。因為主要是利用起司裡面的乳酸菌和酵素生成，所以在保存的期間也會持續熟成。一般被稱為「披薩用起司」、「綜合起司」的是，把起司切成絲狀的種類，焗烤等其他料理也可以輕易使用。

加工起司是由1種至數種天然起司溶解調和，

代表性的天然起司種類

名稱	分類	特色
帕馬森起司	特硬起司	長時間熟成。磨粉使用。
切達起司	硬質起司	有著堅果般的濃郁風味。
埃德姆起司		腥味較少的溫和味道。
豪達起司		
艾曼達起司		經常用於起司火鍋等料理。
格律耶爾起司		
洛克福起司	半硬質起司	用羊乳製成，以青黴熟成。
古岡左拉起司		用青黴熟成。鹽份較少。
卡芒貝爾起司	軟質起司	用白黴熟成。中央是乳狀。
布利起司		
茅屋起司	新鮮（未熟成）	水分較多且軟，清淡。
奶油起司		乳狀且柔軟。
馬自拉起司		具彈力，清爽的味道。

並進行乳化凝固而成，品質較為穩定，保存期限較長。加工起司被加工成盒裝的塊狀類型、片狀類型、抹醬類型、煙燻起司等不同種類，可依照用途靈活運用。

起司粉幾乎都是指，由堅硬的「帕馬森起司」磨成的粉末狀起司。在食譜中，「**會融化的起司**」並不會指出明確的起司種類。除了披薩用起司或會融化類型的片狀起司之外，也可以使用個人喜歡的天然起司等種類。

優格

料理或甜點材料所使用的種類幾乎都是「原味優格」。基本上是無糖，但某些製造商的產品則會添加砂糖，所以必須加以確認。1盒通常是400～450g，不過仍然也有商品差異。

有時也會「**把優格放進鋪了廚房紙巾的濾網裡面，把水瀝乾**」後再使用。這個時候，優格排出的水分也含有許多營養，所以也可以留下來應用於飲品等的製作。

煉乳、奶粉

牛乳濃縮製成的煉乳，含糖的種類稱為「奶水」；含糖的種類則稱為「加糖煉乳」。

把牛乳濃縮乾燥成粉末狀的是「全脂奶粉」，去除脂肪成分後，再製作成粉末狀的是「脫脂奶粉（Skim Milk）」。寶寶用的「配方奶粉」是成分經過調整，使成分趨近於母乳的種類，基本上不會用來使用於食譜，不過，多餘部分還是可以應用於料理。

蒟蒻

**具有整腸作用，低熱量，
以瘦身食品而重新受到矚目。
把魔芋磨成粉之後，用石灰凝固製成，
偏黑的顏色很適合搭配羊栖菜等料理。**

蒟蒻的種類

除了一般常見的板狀「蒟蒻」之外，還有圓形的「蒟蒻球」、把蒟蒻壓擠成涼粉狀的「蒟蒻條」、細繩狀的「魔芋絲」或「蒟蒻絲」、小顆粒狀的「蒟蒻粒」、水分較多，可直接食用的「生蒟蒻」等種類。

蒟蒻絲和魔芋絲的主要成分是相同的，可是，因為作法不同，而有粗細上的差異，有人是把更細的種類稱為魔芋絲。不過，也有地區上的差異，據說關東慣用魔芋絲這個名稱，而關西則比較喜歡蒟蒻絲這個說法。

預先處理

除了生魚片、已經去除澀味的蒟蒻之外，通常都會先「**汆燙**」，去除蒟蒻特有的石灰腥味後，再使用於烹調。除了採用「**角切**」或「**切條**」等方式之外，如果「**用手（湯匙）撕成一口大小**」，表面積就會變大，就更容易入味。另外，有時也會「**乾煎收乾水分**」、「**撒鹽，用擀麵棍等道具拍打、水洗**」、用菜刀「**切出斜格紋狀的刀痕**」，或是「**用叉子刺洞**」。

放進燉煮料理等裡面的「**手綱蒟蒻**」是，把板狀的蒟蒻切成 5 mm 左右的厚度，在中央縱切出刀口後，把一端穿進孔中央製成。

乾物

乾物的保存性很高，只要常備並有效利用，
就可以增加每天的餐桌變化。
泡軟的方法和時間都要寫清楚。

豆類

　　烹煮乾燥豆類的時候，在清洗後，「**放進大量的水裡浸泡一晚**」。烹
煮時，「**連同浸泡水一起加熱**」，同時「**勤奮的撈除浮渣**」。紅豆等澀味
較強的豆類，或是希望湯汁清澈時，就採用「**焯水後倒掉**」的動作。進行
「**加鍋中蓋**」或「**點水**」動作時，也不要忘記寫出來。

凍豆腐

　　高野豆腐（凍豆腐）是，把豆腐的水分排出後，再進行冷凍、乾燥製
成。分成「**用溫水泡軟**」的類型和「**直接放進湯裡烹煮**」的類型，務必清
楚寫出使用的種類。

豆皮

　　豆漿加熱後，浮在表面上的薄膜就是豆皮。使用「乾燥豆皮」時，可
以寫直接放進湯或燉煮料理面，或是「**用水泡軟**」、「**用濕的廚房紙巾（濕
毛巾）包覆泡軟**」。還有可以直接使用的「生豆皮」。

蘿蔔乾

　　就如字面所寫的，把蘿蔔切條後晒乾的蘿蔔乾，通常都是指把生蘿蔔
切成條狀後晒乾的種類，不過，還有縱切成略粗塊狀的蘿蔔塊，或是烹煮
後再曬乾的蘿蔔乾。

「搓揉清洗後，去除髒污」，「用冒頭程度的水量浸泡15～20分鐘」，泡軟之後，「把水擠乾」，切成容易食用的大小。之後還要使用浸泡水時，為了避免丟棄，不要忘了寫出「浸泡水預留起來備用」的字樣。

乾瓢

　　乾瓢「用水快速清洗，撒鹽，搓揉直到產生彈性」。「用大量的熱水烹煮5～10分鐘，軟化」，泡水之後，「把水擠乾」使用。

乾香菇

　　乾香菇的香氣和鮮味，比生香菇更為強烈，就連浸泡水也可以當成高湯使用。尤其是肉厚且圓潤形狀的「冬菇」最為高級。

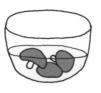

乾香菇用冒頭程度的水泡軟

　　乾香菇不要清洗，「（用廚房紙巾或毛巾等）擦掉髒污」，在「冒頭程度的水裡浸泡2小時，軟化」後，「切掉蒂頭」。浸泡的時間會因香菇的大小、種類而改變。時間比較倉促的時候，只要「用加了少許砂糖的溫水浸泡」，就可以快速泡軟，但是，美味比較容易流失，要多加注意。切片的乾香菇也可以快速泡軟。如果之後還要使用浸泡水的話，不要忘了寫出「浸泡水預留起來備用」的字樣。

黑木耳

　　「用大量的水浸泡30分鐘～1小時」，「切掉堅硬的蒂頭」。

海藻類

　　燉煮料理用的「快煮昆布」不要清洗，「用濕的廚房紙巾（確實擰乾的濕毛巾）擦掉表面的髒污」，「用大量的水浸泡10～15分鐘」。「昆布絲」則可以更快泡軟。

黑木耳
用大量的水泡軟

「乾燥裙帶菜」容易泡軟，可以「用大量的水浸泡 3～4 分鐘」或「直接放進」湯汁裡面。「鹽藏裙帶菜」要先用水浸泡 5 分鐘，再把鹽巴洗掉。除此之外，如果是用海水清洗後乾燥的「淡干裙帶菜」，或是抹灰乾燥的「灰干裙帶菜」，則要浸泡 10 分鐘左右，泡軟的時間和烹調方法會因裙帶菜的種類或大小而改變。

　　「羊栖菜」要「在大量的水裡浸泡 20 分鐘」左右。

粉絲

　　日本產的粉絲是以馬鈴薯等材料的澱粉作為原料，容易溶解，所以「用溫水（或熱水）浸泡 3～5 分鐘」就可以了。綠豆粉絲「用大量的熱水烹煮 1～2 分鐘」。放進湯汁裡面時，有時也可以「切了之後直接放入」鍋裡。

乾麵

　　細麵、涼麵、蕎麥麵、烏龍麵等的乾麵，就參考包裝的標示時間，「用大量的熱水烹煮○分鐘」。煮好之後，「用濾網撈起瀝乾」，或是「用活水搓洗」。這些在烹煮的時候，不加鹽巴。

　　義大利麵或通心粉等義大利麵類，「把鹽巴放進大量的熱水裡」，「依照外包裝的標示時間烹煮」，或是寫成烹煮至「稍微硬一點」、「略帶嚼勁」、「比外袋標示時間略短」。

　　米粉依種類或料理的不同，「用大量的熱水烹煮○分鐘」，或是「用水浸泡○分鐘（○小時）」後，再進行烹調，或者是直接放進湯裡面烹煮。

米、穀類

煮飯時，只要交給電鍋就可以簡單完成，
但使用壓力鍋或砂鍋則可以烹調出另一種美味。
近年來，使用玄米或雜穀的料理也十分受歡迎。

米的種類

　　材料表中的「米」，通常都是指當成白飯食用的「稻米」中的精白米。
精米依照精磨程度分成，只去除稻殼的「玄米」、去除局部米糠層的「三
分精米」、「五分精米」、「七分精米」（數字越大，越接近白米）、只
留下胚芽的「胚芽精米」[※]。讓玄米發芽的「發芽玄米」不僅含有豐富的
營養，也比玄米更容易食用，因而在近年受到矚目。另外，還有經過特別
加工而不用清洗的「免洗米」。除此之外，還有黏性和彈性較強的「糯
米」、形狀細長且黏性較少的「在來米（秈稻）」等，可以針對各種米的
美味，加以靈活運用。

※ 台灣分為糙米、胚芽米、白米

米飯的煮法

　　米的份量用「1杯」來表示，相當於 180ml 的量杯。一般的量杯是
200ml，使用時要注意避免混用。

　　經常看到「淘米」這個名詞，這是指倒進水之後再倒掉，然後用手掌
搓洗米的動作。現在的精磨技術相當發達，就算只加入大量的水攪拌「**清
洗**」也沒問題，同時也可以防止白米破裂。剛開始洗米時，米的吸水率相
當高，為避免留下米糠腥味，快速把水倒掉是主要關鍵。清洗時，要更換
3～4次水。

　　米洗完之後，只要寫清楚是不是馬上進入烹調，或是「**用濾網撈起放
置○分鐘**」、「**泡水○分鐘**」就可以了。抓飯或燉飯等就是需要馬上進行
烹調，不可以讓米吸水太多的料理。

煮飯時的水量，基本上是米的 1.2 倍。除了寫出〇 ml 這樣的份量之外，也可以寫成「**依照飯鍋的刻度標示**」或「**依照一般方式調整水量**」。若是新米的情況，米的組織比較柔軟，容易吸入水分，所以要稍微控制水量。相反的，舊米則要使用略多的水量。

　　使用玄米或三分精米～七分精米、糯米的情況，泡水的時間必須比白米長，讓米吸水。烹煮的時間會因烹煮方法而不同，一定要寫清楚。

　　用電鍋以外的道具炊煮時，要把使用的鍋子種類、火候、時間、炊煮方法等寫清楚。

雜糧

　　米或麥以外的穀類稱之為雜穀，因為富含維生素、礦物質和食物纖維，而成為深受矚目的健康食品。雜穀有小米、黍、稗、燕麥、古代米（紅米、黑米）、莧、藜麥等，市面上大多都是混合販售居多。

　　顆粒較細的雜穀要「**放進濾茶器等濾網裡面清洗**」，不過，市面上也有免清洗的種類。除了和米混合炊煮之外，進行烹煮的時候，也要寫清楚要讓雜糧吸水多久。

麵粉類

　　麵粉有蛋白質含量較少的「低筋麵粉」、含量中等程度的「中筋麵粉」，以及含量較多的「高筋麵粉」。在一般的料理中，材料表寫「麵粉」時，通常都是指低筋麵粉。在麵包和餅乾等食譜中，因為有確實區分的必要，所以一定要確實寫出，不可以省略。

　　另外，沒有把小麥的外殼和胚芽等去除的「全麥麵粉」，含有許多維生素和礦物質，具有相當獨特的風味。

　　另外，用米作為原料的粉有，把稻米磨成粉的「上新粉（米粉）」、糯米磨成的「求肥粉（糯米粉）」、糯米泡水後，加水研磨，然後進一步脫水、乾燥的「白玉粉」等種類。

高湯

高湯是許多料理的美味基礎。
除了市售的高湯之外，這裡也試著學習
以日式高湯為主的食譜編寫方式吧！

昆布柴魚湯

　　鮮甜、香醇的一次高湯使用於清湯或茶碗蒸等料理。昆布不要清洗，「用毛巾（廚房紙巾）擦掉表面的髒污」，「把昆布和○杯水（○ ml）放進鍋裡」，「靜置 30 分鐘」，就可以增添鮮味。「加熱之後，在沸騰之前取出昆布」後，在不讓湯汁沸騰的情況下，「把柴魚片放進鍋裡，開大火加熱，煮沸之後，關火」。關火後直接放著，「柴魚片沉到鍋底之後」，「用鋪了毛巾（廚房紙巾）的濾網過濾」，就完成了。柴魚片不要放置太久，以免產生澀味。

　　二次高湯使用於味噌湯或燉煮料理。「把一次高湯使用的昆布和柴魚片、○杯水（○ ml）放進鍋裡，加入一撮柴魚片，加熱」，「煮沸之後，再烹煮 1 ～ 2 分鐘，關火」，「柴魚片沉到鍋底後」，「用鋪了毛巾（廚房紙巾）的濾網過濾」。這種進一步追加柴魚片的方法，稱為「柴魚加倍法」。

　　高湯用的昆布有，「真昆布」、「利尻昆布」、「日高昆布」等不同種類。光是「在水裡浸泡數小時」，就可以烹調出優質的高湯。

　　柴魚片不要使用削成細末，分裝成小包的種類，要使用高湯專用的柴魚片。雖然使用之前再進行刨削的柴魚片最為理想，但是，市售的柴魚片則比較方便。市售的柴魚片除了「鯖魚」或鰹魚製成的柴魚片之外，還有由鯖魚和圓鱈混合而成的「混合柴魚片」。若有特別指定的時候，最好明確寫出來。

小丁香魚高湯

味噌湯或燉煮料理可輕易使用的高湯。「用手去除帶有口味的頭部和內臟」，「把小魚乾和○杯水（○ml）放進鍋裡」。直接「放置30分鐘」，就可以產生美味。另外，取出內臟之後，「朝縱向撕裂成兩半」，就可以更快完成高湯。「開火加熱，煮沸後撈除浮渣，烹煮3～4分鐘」，「用鋪了毛巾（廚房紙巾）的濾網慢慢過濾」，就完成了。

乾香菇、蘿蔔乾、蝦米等的高湯

把泡軟乾物的浸泡水當成高湯使用時，「把浸泡水預留起來備用」，不要丟棄（乾物的泡軟方法→ P.138）。浸泡蝦米或干貝柱等的浸泡水也可以利用（乾物的泡軟方法→ P.116）。

市售的湯塊或高湯粉

市面上有許多不同種類的高湯塊或高湯粉，使用起來相當方便。

顆粒狀的「日式高湯」、在高湯裡面加上醬油或味醂的「醬油高湯」、「白湯」等，高湯的種類或調味料的搭配也各式各樣。「涼麵沾醬」是商品名稱，不過，現在也已經相當普遍，也可以取代醬油高湯來使用。

西式高湯所使用的「固體（顆粒）湯塊」是由雞肉或豬肉、牛肉、蔬菜等的萃取所濃縮而成，以「肉汁清湯」、「法式清湯」之類的商品名稱販售。在料理中使用固體湯塊的時候會「把固體湯塊搗碎加入」。依照商品標示，用熱水溶解固體湯塊後使用時，就在材料表中寫「高湯（固體湯塊＋水）…○ ml（○杯）」。

中華料理大多都是使用顆粒狀的「中華高湯粉」、「雞湯粉」。

調味料

調味料的作用不光只是調味，
美味的色澤呈現也是調味料的任務之一。
調味料有各種不同的種類，只要了解各自的特徵，
就可以更有效的選擇、使用。

調味『糖鹽醋醬噌』

　　調味料不光是份量，就連放進料理的時間和順序，也都非常重要。「糖
（砂糖）」、「鹽（鹽巴）」、「醋（醋）」、「醬（醬油）」、「噌（味
噌）」是烹煮料理自古經常提到的調味順序，原則上要先放入讓味道滲入
材料的砂糖，再放入鹽巴讓材料收汁，增添香味的醬油或味噌則要留到最
後再放入。除此之外，有時順序也會根據料理或調味料的特性而改變。例
如，為了消除腥味，而採用醬油或味噌燉煮的時候，或是讓酒或味醂的酒
精揮發的時候，就必須先加入調味料；而利用味醂增添光澤的時候，則要
留到最後再加入。

「混合調味料」、「沾醬」、「湯汁」等

　　預先把好幾種調味料或材料混在一起，或是建議預先準備起來的醬
料，只要用「混合調味料」、「沾醬」、「湯汁」、「A」、「B」等方
式編寫，就會比較淺顯易懂。

砂糖

　　食譜中所使用的「砂糖」，通常是指精製的**白砂糖**。三溫糖以製作白
砂糖或細砂糖等之後的蜜作為原料，因為經過反覆加熱，所以有著淡淡的
焦糖色，具有特殊的濃郁與風味。

　　精製度更高的**細砂糖**、結晶顆粒較大的粗粒**白砂糖（白雙糖）**、將糖
細磨成粉的**糖粉**，清晰的甜味是其特徵，製作甜點時經常使用。和白霜糖

有相同純度和結晶，有著淡焦糖色和別具風味的粗粒**黃砂糖（中雙糖）**，則適用於燉煮料理。

　　熬煮紅甘蔗搾汁所製成的黑砂糖，含有較多的礦物質，具有濃厚的風味。還有熬煮精製中途的糖液，製成粗粒粉末狀的**紅砂糖**、粉末狀的**黃糖**。

　　德島縣和香川縣以傳統工法製作的**和三盆糖**是，結晶非常小，可溶於口中的高級砂糖，深受日式甜點珍視。

　　許多砂糖都是以紅甘蔗作為原料，而用甜菜製成的**甜菜糖**則富含寡醣，隱約的甜味是其特徵所在。

　　1 小匙的白砂糖、糖粉是 3g，1 小匙的細砂糖、三溫糖則是 4g，比重各不相同，各種糖的甜味、濃郁程度、染色的方式也不同，所以除了使用白砂糖以外的情況，還是確實把種類寫出來吧！

鹽

　　食譜中所使用的「鹽」，通常都是指精製的**食鹽**。最近市面上還有被譽為「自然鹽」、「天然鹽」等精製度較低的鹽、**岩鹽**等種類，也有很多富含礦物質，味道醇厚的種類，有特別指定的情況，就要寫出來。被稱為粗鹽，脫去水分和苦味的種類是燒鹽。乾爽的食鹽、**燒鹽**是 1 小匙 6g，濕潤的粗鹽是 1 小匙 5g，比重各不相同，所以要多加注意。

　　除此之外，還有增味劑、添加芝麻或香草等材料的鹽。

醋

　　釀造醋可以概略分成穀物醋（含米醋）和水果醋。把麴加進米或酒粕裡的**米醋**，以及米、小麥、玉米等混合釀造而成的**穀物醋**是最普遍的種類，食譜中所提到的「醋」，大多都是指這些。

　　近年來，因為有益健康而受到矚目的**黑醋**，也是穀物醋（米醋）的一種。黑醋是花較長時間讓玄米或是大麥發酵、熟成的種類，特徵是偏黑的顏色和濃醇的甜味與鮮味。

　　水果醋有**蘋果醋**、**葡萄醋**、**柿醋**等種類。用醋酸讓葡萄酒發酵而成的葡萄酒醋，和葡萄酒一樣，同樣也有白色和紅色，主要使用於西式料理。有著特殊芳香和甜味的**義大利香醋**也是葡萄酒醋的一種，原本是只有義大

利的部分地區才有，歷經 12 年以上，在木桶裡面熟成的高級品，不過，市面上也有沒有熟成的普及品，可輕易取得。

另外，有時也會利用檸檬、柚子、酢橘、臭橙、苦橙等的榨汁來取代醋。

醬油

食譜所使用的「醬油」，通常都是指**濃口醬油**。濃口醬油是用麴讓黃豆和小麥發酵、熟成的種類，特別只用整顆黃豆作為原料的種類是丸大豆醬油。

日本關西地區經常使用的**淡口醬油**，是以短時間釀造，顏色偏淡的清淡風味為特徵。燉煮料理、湯等，不希望掩蓋掉材料原味的時候，就會使用淡口醬油。相較於濃口醬油，淡口醬油的鹽分較多，要多注意份量。

溜醬油是以黃豆為主原料，把麴菌種植成味噌玉，使黃豆熟成，呈稠糊的濃醇醬油。**再釀醬油**是以黃豆和小麥為主原料，進行二次釀造的種類，風味更加濃醇。又被稱為「生魚片醬油」、「甘露醬油」。**白醬油**是以小麥為主原料，發酵時間比淡口醬油更短，色澤和濃醇更淡，略帶點甘甜。

這些醬油搭配高湯或調味料而成的**高湯醬油**、添加柑橘類果汁的**柚子醋醬油**等，則被分類為加工調味料。

除此之外，以魚貝類為原料的**魚醬**，有日本的 Shottsuru（秋田縣的特製魚醬）和 Ishiru（石川縣的特製魚醬）、泰國的魚露（Nam Pla）、越南的魚露（Nuoc Mam）等，具有特有的香味和濃醇的鮮味。

味噌

黃豆蒸過之後，加入鹽巴和麴，讓黃豆發酵所製成的味噌，在日本各地都有著不同香氣和味道的種類。依麴的種類不同，分成**米味噌**、**麥味噌**、**豆味噌**，以及由這些混合而成的**調和味噌**。其中最為普及的是，沒有腥味、淡色鹹味的信州味噌。食譜使用的「味噌」多半都是指信州味噌，不過，也可以使用各家庭所慣用的種類。唯獨在特別拘泥的情況時，才需要特別指定味噌的種類。

味噌的種類

米味噌	甜味噌	白	西京味噌、讚岐味噌、府中味噌
		紅	江戶甜味噌
	甜味味噌	淡色	相白味噌
		紅	御膳味噌
	鹹味味噌	淡色	信州味噌
		紅	仙台味噌、越後味噌、津輕味噌
麥味噌	甜味味噌		長崎味噌、薩摩味噌
	鹹味味噌		
豆味噌			八丁味噌、名古屋味噌、TAMARI 味噌

酒

食譜所使用的「酒」，通常都是指**日本酒（清酒）**。酒具有消除肉或魚類腥味、使料理更添濃郁與鮮味的效果，基本上，使用的時候都會加熱使酒精揮發。以「料理酒」販售的種類是，在日本酒裡面添加鹽巴、醋、增味劑等，不適用於飲用的加工品。

除此之外，有些料理則會使用**紅酒、燒酒、紹興酒、白蘭地、萊姆酒**等酒類。

味醂

「味醂」有，在糯米裡面混入米麴或燒酒等，使糯米熟成的**本味醂**，以及在釀造用糖類裡面混入增味劑或香料的**味醂風調味料**。味醂風調味料的酒精含量未滿 1%，相對之下，本味醂的酒精含量達 14% 左右，因此，基本上都會加熱使酒精揮發。不管是哪一種，都具有為料理增添甜味，增添光澤的效果。

胡椒

食譜裡面所使用的「胡椒」，通常都是指粉末狀的白胡椒。**白胡椒**是全熟果實去除外皮後乾燥。**黑胡椒**是未成熟果實完整乾燥。使用「**粗粒**」或「**粒**」的時候，記得完整寫出。

油

食譜使用的沙拉油、炸油，通常都是指植物油。具體來說，油有大豆油、菜籽油、棉籽油、玉米油、米油、紅花油、葵花籽油、油、2 種以上的油所混合而成的調和油等各種不同的種類，基本上不需要連原料的種類都指定。

具有特殊香氣的**芝麻油**是，將芝麻烘焙所製成。直接用芝麻壓榨的**太白芝麻油**，顏色和香氣較少，鮮味較強烈，所以有特別指定的時候，也要寫出來。

橄欖壓榨製成的**橄欖油**，酸度較低，同時具有優質的香氣，也有**特級初榨橄欖油**。

動物性油脂有，**牛油、豬油**、牛乳製成的**奶油**等種類。一般的奶油為了增添直接食用時的美味口感，都會添加食鹽，但製作甜點或麵包的時候，多半都是使用**奶油（無添加食鹽）**。順道一提，奶油的份量通常都是寫成「奶油 1 大匙」，因為不容易用量匙正確測量。所以，只要記住差不多是把 1 盒（200g）分成 16 等分的量就行了。

以人工方法使植物油凝固的種類有，被當成奶油替代品的**植物奶油（乳瑪琳）**，以及被當成豬油替代品的**起酥油**。

日本黃芥末、西洋黃芥末

食譜所使用的「芥末」，通常都是指**日本黃芥末**，分成粉末狀的**芥末粉**，和膏狀的**芥茉醬**。

西式料理所使用的是**西洋黃芥末**。有膏狀的**法式芥末醬**、保留芥末顆粒的**顆粒芥末醬**。

醬料、番茄醬、美乃滋

以蔬菜或果實、香辛料等原料所製成的「醬料」有各種不同的種類。食譜不要使用醬料的商品名稱，採用**辣醬油、伍斯特醬、炸豬排**醬等種類吧！

中華料理所使用的**蠔油**是用鮮蠔萃取液和調味料所製成，和前述的醬料種類完全不同。

燉煮番茄過篩，濃縮而成的**番茄泥**，可以直接取代番茄使用，**番茄醬**則是在番茄裡面添加鹽巴、砂糖、醋、香辛料等之後調味而成。

美乃滋有全蛋型和蛋黃型，也有低膽固醇等類型，在食譜裡面並沒有加以區分。

調味料量秤方法

對味道的傳達來說，正確量秤十分重要。
只要有些許誤差，就可能影響到整體的味道。
基本的量匙、量杯一定要備齊，
並注意正確的量秤方法吧！

量匙

在量秤調味料的時候，必備的量匙是 **1 大匙＝ 15ml、1 小匙＝ 5ml**。

測量砂糖、鹽巴、粉末類或顆粒狀材料等時候，要先撈取成堆的部分。先撈起尖滿的一滿匙，然後再用其他湯匙的柄等平坦的道具，把材料表面**刮平**，扣除到多餘部分之後，湯匙內的量便是 1 匙的份量。1/2 的量則是用平坦的道具，在中央劃線，扣除掉一半。

測量植物奶油、味噌等的時候，要先下壓以避免期間產生縫隙，然後再用刮板等道具削掉表面的材料，平整之後的量就是 1 匙的份量。1/2 的量則是扣除掉一半後的份量。

測量醋、醬油、味醂等液體狀材料的時候，慢慢倒進湯匙裡面，表面略微隆起的狀態就是 1 匙的量。因為湯匙的底部呈現圓形，所以 1/2 的量大約是 2/3 左右的深度。

1 大匙＝ 3 小匙，所以通常不會採用「3 小匙」、「4 小匙」這樣的寫法，但如果是分次添加的情況，為了方便作業，有時則會索性寫成那樣。

1 匙的量

在同一時機加入好幾種調味料時，只要依照固體先、液體後的順序進行測量，調味料就不會沾黏在量匙裡面，使作業更加順利。如果可以預先寫出這樣的順序，就會讓製作更加容易，同時也令人感覺貼心。

1/2 匙的量

量杯

　　基本上，**1 杯＝ 200ml** 的量杯。就算使用 300ml、500ml 等其他尺寸的量杯，1 杯等於 200ml，已經是既定的規則了。

從正側面檢視

　　在用 200ml 的量杯測量 1 杯粉狀材料的時候，要先鬆散的放入較多份量的材料，再用湯匙柄等平坦的道具，把表面刮平，扣除掉多餘的部分。而在測量其他份量的時候，就把量杯放在平坦的場所，再鬆散的放入材料，從正側面朝水平方向檢視刻度。必須要注意的部分是，絕對不可以拍打量杯。這樣一來，量杯裡的材料就會變得扎實，重量就會隨之改變。

　　測量液狀材料時，要把量杯放置在平坦場所，再慢慢倒進材料。因為與量杯側面銜接的部分會逐漸上升，所以可以從正側面檢視刻度，利用液體的表面高度進行測量。

　　測量米的時候，通常都是使用電鍋隨附的量米杯，**1 杯＝ 180ml**，為避免和量杯（200ml）混淆，採用「2 杯（360ml）」這種利用括號併記 ml 的方法，會比較確實。量米的時候也一樣，如果拍打量米杯的話，就會影響份量，所以要鬆散的撈取。

用手量（手量）

　　鹽巴或胡椒等份量經常使用「**少許**」這樣的字眼，指的份量就差不多是拇指和食指指端抓取的份量。大約是 1/2 小匙。

　　「**一撮**」是用拇指、食指和中指 3 根手指頭的前端抓取的份量。大約是 1/5 ～ 1/4 小匙。

　　「**一把**」是用食指、中指、無名指、小指 3 根手指頭，輕握在手掌裡的份量。大約是 2 大匙左右。

　　這些都是容易產生誤差的測量方式，所以最好避免過度使用。

量秤

以料理專用的量秤來說，基本上只要最大可測量 1kg 左右，就十分足夠了。把量秤放在平坦的場所，將刻度歸零，把測量的材料放在量秤中央，從正側面朝水平方向檢視刻度。

最近，小型的電子秤也相當普及。也有隨附可以簡單扣除容器重量的扣重功能，就算是極少的份量，仍然可以正確測量，相當便利。

量匙、量杯的重量

下表是用量匙或量杯測量時的重量標準。依種類或狀態的不同，會出現較少誤差，所以僅供參考之用。

量匙、量杯的重量標準

材料	1 小匙	1 大匙	1 杯
水	5g	15g	200g
白砂糖	3g	9g	130g
三溫糖	4g	13g	170g
細砂糖	4g	13g	170g
糖粉	3g	8g	105g
蜂蜜、澱粉糖漿	7g	21g	280g
食鹽、精製鹽	6g	18g	240g
自然鹽、天然鹽	5g	15g	180g
醋	5g	15g	200g
醬油	6g	18g	230g
味噌	6g	18g	230g
日本酒	5g	15g	200g
紅酒	5g	15g	200g
味醂	6g	18g	230g
胡椒	3g	8g	100g

材料	1 小匙	1 大匙	1 杯
沙拉油	4g	13g	180g
奶油	4g	12g	180g
植物奶油	4g	12g	180g
豬油	4g	12g	170g
辣醬油	5g	16g	220g
炸豬排醬	6g	18g	240g
蠔油	6g	18g	240g
番茄泥	5g	16g	210g
番茄醬	6g	18g	240g
美乃滋	5g	14g	190g
低筋麵粉	3g	8g	100g
高筋麵粉	3g	8g	105g
全麥麵粉	3g	8g	125g
太白粉	3g	9g	130g
玉米粉	2g	6g	100g
上新粉	3g	9g	120g
小蘇打	3g	9g	120g
發酵粉	4g	12g	150g
麵包粉（乾燥）	1g	4g	45g
牛乳	5g	15g	210g
脫脂奶粉	2g	6g	90g
鮮奶油	5g	15g	200g
優格	5g	15g	210g
明膠粉	3g	9g	130g
咖哩粉	2g	6g	80g
芝麻	3g	9g	120g
可可粉	2g	6g	90g
紅茶（葉）	2g	6g	70g
煎茶（葉）	2g	6g	90g
抹茶（粉末）	2g	5g	70g

第 **4** 章

分享食譜

食譜編寫完成後，
把食譜上傳到網站，分享給更多的人吧！
這裡也將一併介紹拍攝出美味照片的好用訣竅喔！

透過網路分享食譜吧!

現在,網路上都可以看到各種不同的食譜。
一般料理愛好家所分享的食譜令人眼花撩亂。
現在就以你自己的方式來介紹食譜,讓更多人知道吧!

利用網路或應用程式投稿

這裡以每月使用者數量高達 6000 萬人、食譜數量達 269 萬筆以上(2017 年 6 月時的數據)的日本最大食譜網站「COOKPAD」為例,來看看實際在網路上進行投稿的步驟吧!

台灣版:https://cookpad.com/tw　日本版:https://cookpad.com/

「COOKPAD」每天都會有許多新的食譜投稿。使用者可以依照材料名稱、關鍵字或類別等方式進行搜尋,從所有食譜中挑選,相當便利。也可以透過智慧型手機或平板電腦輕鬆存取,不管是採購或是在廚房的時候,隨時都可以確認。除了介紹自豪的原創料理之外,參考其他使用者的食譜製作料理時,也可以透過「試煮成品」分享製作報告、利用「三餐日記(台灣版沒有這個單元)」報告食譜以外的話題,享受和大家交流的樂趣。看到其他網友參考自己的食譜製作料理時,感覺更是格外開心。

1 註冊 COOKPAD 帳號

　　若要介紹自己的食譜，就必須先註冊 COOKPAD 帳號。從首頁進入註冊畫面，輸入電子郵件、密碼、出生年月日等個人資訊，傳送之後，就可以收到註冊信。只要點擊註冊信裡面的 URL，正式註冊就完成了。暱稱或頭像可透過「設定」→「編輯個人檔案」變更，只要依照個人喜好進行設定就行了。

2 發布食譜

　　點擊位於畫面右上的「發布食譜」。首先，輸入「食譜標題」。使用可以充分傳達食譜特徵，簡潔且充滿魅力的標題吧！因為事後仍然可以編輯，所以也可以暫時取個臨時的標題，先進行食譜內容的編輯。

刊載完成狀態的「食譜照片」。這是最能夠憑第一眼吸引目光的部分，至於挑選什麼樣的照片，全憑個人的審美觀。拍攝到人物或動物的照片，照片的右側、上方是「食譜的介紹文」，用來簡潔介紹料理的味道、特徵。接著，點擊下方的「預備食材」欄位，逐一填寫材料的種類和份量。

　　照片的右側、上方是「食譜的介紹文」，用來簡潔介紹料理的味道、特徵。接著，點擊下方的「預備食材」欄位，逐一填寫材料的種類和份量。

從1開始依序編寫「作法」（各60字）。只要事先做好筆記或打好草稿，就可以更順利的寫出淺顯易懂且毫無遺漏的作法。如果一併刊載各個步驟的照片，就可以更清楚傳達給讀者。

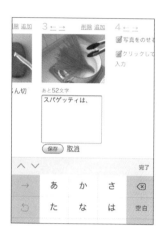

　　「訣竅、重點」欄位（台灣版沒有這個欄位）可以填寫材料或步驟的相關注意事項，或是其他創意變化。「這道料理的創作源起」就寫該料理的創作靈感或是回憶。重新閱讀整個內容，沒有不足或錯誤的話（這裡的仔細確認很重要），就點擊「發佈」。於是，大家就可以看到你的食譜囉！

其他的食譜投稿網站

還有很多可以發布食譜的網站。除了單純的食譜分享之外，有些食品製造商會透過自家公司的網站，針對使用自家產品的料理食譜，進行徵稿，也有網站則會設定主題，進行料理食譜的評比，大家可以多多比較，從中挑選適合自己的服務吧！

樂天食譜
https://recipe.rakuten.co.jp/

食譜數量132萬筆以上（2017年6月時的數據）。只要利用樂天帳號，進行食譜的投稿，或是收到網友的「試煮報告」，就可以獲得樂天超級點數。

PECOLLY
http://pecolly.jp/

手工料理的照片投稿網站。也有很多附食譜的投稿。可以使用料理專用的相機濾鏡，所以可以有效展現出料理的美味，同時提高料理製作的積極態度。

食譜部落格
http://www.recipe-blog.jp/

料理部落格的入口網站。寫料理部落格的人可透過註冊方式，輕鬆讓更多人看到自己的食譜。各個知名部落客的食譜羅列在一起，十分壯觀。

CALOREP！
http://calorepi.com/

健康的食譜全聚集在這裡，相當適合以健康飲食生活為目標的人、正在瘦身或控制飲食的人。食譜投稿之後，會自動顯示出熱量和營養成分。

家族共享親子餐

http://gakkou-kyushoku-gohan.jp/

以學校營養午餐、營養師的食譜為首，蒐集營養均衡又受孩子喜愛的食譜。除了料理的類別及材料之外。也可以依照孩子的成長期搜尋食譜。

ObentoPark

http://obentopark.jp/

以便當為主題的食譜投稿網站。有色彩鮮豔且美麗的便當創意、周末可製作起來放的常備菜等。

有效利用 SNS（社群網路服務）吧！

臉書、MIXI、推特、Instagram 等，都是現在許多人利用的 SNS。試著和親手製作的料理照片一起貼文吧！基於 SNS 的性質，主要都是以當下的流行或季節為主流，所以比較適合以簡短字數表現簡單食譜。

另外，SnapDish 是相當受歡迎的料理專用 SNS。可以透過智慧型手機用的相機程式 & 服務，記錄料理照片與食譜，和朋友分享，享受每天的料理與菜色變化。

投稿食譜時的注意事項

直接轉載在書本、雜誌或電視等媒體上所看到的食譜，當然是嚴格禁止的行為。即便是加點個人創意的情況，還是應該明確記載參考的原始來源，如果可以，最好可以針對個人創意的部分詳加說明。把相同內容的食譜投稿到多個網站的做法，同樣也有違道德。

另外，基於各種人都可能閱讀的觀點，在記述的時候，要盡量採用初學者也可以輕易理解的寫法，以免造成誤會。健康上的安全性及衛生方面的問題，也要詳細確認。

美味照片的拍攝方法

美味的照片絕對能夠傳達料理的魅力。
在此介紹用智慧型手機或平板電腦拍攝時，
也可以加以應用的訣竅。
只要花點巧思，就可以為照片加分不少！

照射光線

　　只要在明亮自然光投射的窗邊，運用傾斜照射料理的側光，或是逆光來拍攝料理，就可以表現出自然且美麗的立體感。可是，強烈直射的日光會造成強烈的陰影，所以太過明亮的時候，要利用蕾絲窗簾等來加以調整。這個時候，只要把用來取代反射板的大張白紙立放在料理前面，就可以防止前方太過陰暗。

　　陰暗的室內要利用電燈等照明，這個時候，光不要直接照射料理，只要讓光在白色的牆壁或反射板上面反射，就可以表現出柔和的光。

　　建議不要使用內建閃光燈。如果從正面照射強烈光線，會使照片變得不夠立體，料理看起來就不會那麼美味。採用不使用閃光燈的設定吧！

　　油脂較多的料理，或是可能因湯匙等道具而造成反光時，要調整照明的方向或器具的位置，找尋光線適合照射的位置。

　　不滿意照片的色調時，試著調整白平衡吧！通常，大部分的人都是使用自動模式，不過也可以試著改成日光燈模式、螢光燈模式、晴天模式、陰天模式等，從中選出可以有效表現出料理色彩的模式。

　　另外，試著逐漸慢慢改變曝光，找出看起來最漂亮的明度吧！曝光如果進行＋補償，明度就會變得明亮，如果進行－補償，則會變陰暗。

　　盡可能在料理剛起鍋的新鮮狀態下進行拍攝，是好的做法，所以，事先思考該在哪裡用什麼樣的形式拍攝，就會讓拍攝作業更加順暢。

決定角度

通常，看放在餐桌上的料理時，基本上都是採用45度角的傾斜角度。據說以這個角度為標準，在略低的位置架設相機拍攝，就可以拍攝出使料理看起來更美味的照片。

為了更具臨場感，試著特寫料理本身吧！如果連同整個餐具一起入鏡，料理就會變小，留白的部分就會增多。如果有主材料或料理的質感等希望強調的部分，就試著找出可以讓強調部分更加醒目的角度吧！就算切掉餐具的邊緣也沒有關係。

直式和橫式也會產生不同的印象。直式會使影像產生深度，往往不容易感受到美味。適合拍攝的角度也會因料理種類或餐具形狀而改變，所以可以試著嘗試不同的角度。最近，因為SNS Instagram的盛行，以正方形拍攝的照片也很受歡迎。

有時候，從正上方俯瞰拍攝，也能產生有趣的設計效果，使照片更顯時尚。色彩鮮豔的材料裝盤而成沙拉、有著美麗飾頂配料的披薩等，希望充分展現整體樣貌的時候，就可以運用這樣的角度。

拉遠拍攝的照片沒辦法把照片看清楚，很可惜……

以傾斜45度角拍攝的照片最優。就算裁切掉餐具也OK。

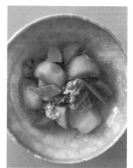

俯瞰拍攝後，素材感薄弱，呈現插圖形象。

造型上的巧思

只要鋪上漂亮的餐巾布等道具，就可以瞬間改變照片的印象。白色餐具非常適合盛裝各種料理，只要準備幾個不同尺寸的餐具就沒問題了。有深度的餐具會形成陰影，因此，建議採用形狀較為平坦的餐具。邊緣較大的餐具在利用廣角進行拍攝時，餐具內側的邊緣部分會比較寬，往往會使照片顯得不自然，最好盡量避免使用。另外，還要注意自己的身影有沒有倒映在湯匙等金屬餐具上面。

最近，重視美觀的自由造型也有增加的趨勢，不過，如果沒有特別拘泥的話，傳統式的擺盤方式，比較能夠拍出沉穩的照片。例如，如果是日式料理的話，白飯在左、湯在右，筷子的前端則面向左，擺在內側。如果是西式料理的話，刀子在右、叉子在左，分別呈垂直方向擺放。全魚的頭在左邊（鰈魚例外），腹部在內側，魚塊則是讓魚皮朝上或朝向對面。

讓主角更顯眼

就料理特徵來說，最希望展現的部分是什麼，主角的特寫當然是最為重要。不需要把所有的要素都放進照片裡面。以展現重點的方式裝盤，一邊改變餐具方向或相機角度，找出最佳的構圖吧！

失敗的範例。明明義大利麵是主角，沙拉卻更為醒目。

失敗的範例。入鏡的道具太多，使重點失焦。

另外，匆忙拍攝時最常發生的錯誤，就是不小心拍到周圍多餘的物品。拍攝之後務必確認主角是否對焦，是否拍到多餘的物品，養成每次檢查的好習慣吧！

拍攝蛋糕等甜點時

基本上，甜點的拍攝方法也和料理的拍攝方式相同，只不過，甜點應該要拍得更可愛一些。鋪餐巾布、嚴格挑選餐具、和飲料等一起搭配，都是幫料理做造型的技巧。

例如，介紹大蛋糕的食譜時，可以清楚看到蛋糕整體的照片雖然很不錯，但是，如果加上切成 1 人份的蛋糕剖面，就可以增加臨場感，令人食指大動。

為了展現出塔的剖面，用傾斜 45 度角拍攝。

如果俯瞰拍攝，就可以強調出水果排列的可愛設計。

擺上 2 個小盤，拍攝出略帶動態的照片。

觀察、研究其他的照片

在料理書、雜誌或網路上看到「好像很好吃」、「好漂亮」的照片時，也可以試著模仿該照片的構圖。觀察一下照片的優點，同時試著拍攝幾張，慢慢學習拍攝的技巧和重點吧！

試著製作
食譜卡、食譜書

學會寫食譜後，試著製作食譜卡或食譜書吧！
如果把它送給家人或朋友，他們肯定會相當開心，
光是當成保存版留在身邊，自己也會很高興。

先從製作筆記開始

　　若要寫食譜，就要在製作料理的時候，把材料的種類、份量、烹調相關的時間等，正確記錄下來。就算記在腦子裡，打算之後再寫下來，還是有可能漏寫材料，或是對調味時的調味料份量產生疑慮。另外，重新回頭檢視時間時，自己也可能搞不太清楚……為避免發生這樣的情況，還是建議盡快把料理的內容確實寫成食譜的形式。

　　把必要的要素寫在筆記之後，就依照自己慣用的模式編寫食譜。一旦決定好適合自己的寫法，就不會再猶豫該怎麼寫，而且事後再看也會更清楚明瞭。尤其是給其他人看的食譜，更要反覆閱讀，檢查內容是否能夠正確傳達。

食譜卡

　　如果預先把食譜寫在卡片上，就可以在購買材料的時候隨身攜帶，或是貼在廚房的牆壁上，在製作料理的時候一邊確認，相當方便。另外，把手工料理或甜點贈送給親友時，也可以隨附上食譜卡，感覺更添時尚。

基本上，撰寫食譜的卡片並不需要特別拘泥，但如果是自行保存的話，只要使用相同大小的卡片，並收納在箱子裡面，或是依照材料或烹調方式分類，日後尋找的時候，就會更加方便。

食譜書

很多人都會把寫好的食譜儲存在電腦裡面，或者是把自己喜歡的食譜蒐集起來，這個時候，要不要試著把它製作成可以隨時翻閱的食譜書呢？

文具店或雜貨店等商店，都可以找到食譜專用筆記。食譜專用筆記裡面有黏貼照片或圖片的預設欄位，以及填寫料理名稱、材料表、作法、注意事項、所需時間等資訊的預設欄位，所以只要把相關內容填入相關欄位，就可以製作出格式統一的整齊筆記。

當然，也可以選用個人喜歡的一般筆記本來製作食譜書。不管是送禮或是保存用的食譜書，都建議採用素面硬殼精裝類型的筆記本。另外，只要使用活頁本的話，就可以直接把用電腦撰寫的食譜列印出來，打洞裝釘。活頁本可以依照料理類別簡單分類，日後也可以輕鬆增減，甚至還可以只拆下某一頁，帶到廚房參考，相當便利。

如果可以把原創的食譜，或是家庭內代代流傳的食譜，製成一整本食譜書，那本食譜書應該會成為無可取代的寶物吧！

参考文献

『お菓子「こつ」の科学』河田昌子著／柴田書店
『お料理べんり図鑑』辻 勲監修／ジャパンクッキングセンター（辻学園出版事業部）
『からだにおいしい野菜の便利帳』板木利隆監修／高橋書店
『くり返し作りたいおかず　決定版レシピ300』／主婦の友社
『365日のおかずの学校』／主婦の友社
『食材図典』／小学館
『食品図鑑』平 宏和総監修、芦澤正和・梶浦一郎・竹内昌昭・中井博康監修／女子栄養大学出版部
『女性誌カメラマンに習う　おしゃれな写真の撮り方』ジョルニ編集部編／実業之日本社
『新食品成分表FOODS 2009 五訂増補日本食品標準成分表準拠』／とうほう
『調理以前の料理の常識』渡邊香春子著／講談社
『調理以前の料理の常識2』渡邊香春子著／講談社
『調理以前の料理のギモン』渡邊香春子著／講談社
『調理用語辞典』全国調理師養成施設協会編／調理栄養教育公社
『レシピのことば』（オレンジページ 2005年7月2日号　特別付録）／オレンジページ

TITLE

資深編輯不藏私！剖析暢銷食譜的元素

STAFF

出版	瑞昇文化事業股份有限公司
編著	食譜校閱者之會
譯者	羅淑慧

總編輯	郭湘齡
文字編輯	徐承義　蔣詩綺　李冠緯
美術編輯	孫慧琪　謝彥如
排版	曾兆珩
製版	明宏興業股份有限公司
印刷	桂林彩色印刷股份有限公司
	絋億彩色印刷有限公司
法律顧問	經兆國際法律事務所　黃沛聲律師

戶名	瑞昇文化事業股份有限公司
劃撥帳號	19598343
地址	新北市中和區景平路464巷2弄1-4號
電話	(02)2945-3191
傳真	(02)2945-3190
網址	www.rising-books.com.tw
Mail	deepblue@rising-books.com.tw

初版日期	2019年7月
定價	350元

國家圖書館出版品預行編目資料

資深編輯不藏私!剖析暢銷食譜的元素 /
食譜校閱者之會編著；羅淑慧譯. -- 初
版. -- 新北市：瑞昇文化, 2019.07
176面 ;14.8 X 21公分
ISBN 978-986-401-361-6(平裝)

1.食譜

427.1　　　　　　　　　　108010855

OISHISA WO TSUTAERU RECIPE NO KAKIKATA HANDBOOK
© TATSUMI PUBLISHING CO., LTD. 2017
Originally published in Japan in 2017 by TATSUMI PUBLISHING CO., LTD.,Tokyo.
Traditional Chinese translation rights arranged through DAIKOUSHA INC.,JAPAN.